翻轉學

翻轉學

電商經營 100問

業界最完整一次搞懂！

打造品牌　架設官網　網路行銷　獲利技法　跨境電商

讓營業額飆漲的網店祕笈

CYBERB!Z 電商研究所 / 著

目 錄

好評推薦　　　　　　　　　　　　　　　　　　　　　　　　　　7

自序　打造你的理想事業，獻給所有電商人的實戰書　　　　　　　9

前言　掌握電商經營底層知識，從零開始成為高手！　　　　　　11

第 1 章　開店前必備知識與迷思破解

為什麼大家都在經營電商網站？　　　　　　　　　　　　　　　16

網路開店前有哪些須知？　　　　　　　　　　　　　　　　　　19

品牌電商如何獲利？　　　　　　　　　　　　　　　　　　　　22

如何找到電商賺錢的完美策略？　　　　　　　　　　　　　　　24

經營電商有哪些平台？　　　　　　　　　　　　　　　　　　　28

該賣什麼商品？　　　　　　　　　　　　　　　　　　　　　　30

大家都在關注的電商問題有哪些？　　　　　　　　　　　　　　32

第一次做電商有哪些步驟？　　　　　　　　　　　　　　　　　36

什麼是電商經營的地雷？　　　　　　　　　　　　　　　　　　42

資深顧問來回答！　決定電商生意成敗的關鍵是什麼？　　　　　46

第 2 章　做電商需要哪些後勤？

電商門檻高，要會哪些技能？　　　　　　　　　　　　　　　　50

該成立公司還是行號？　　　　　　　　　　　　　　　　　　　54

做電商要開發票嗎？　　　　　　　　　　　　　　　　　　　　59

資深顧問來回答！　做電商要具備哪些能力？　　　　　　　　　63

第 3 章　如何找開店平台？

開店平台有什麼優點？　68

如何挑選開店平台？　70

大品牌挑選開店平台最注重什麼？　75

資深顧問來回答！ 為什麼挑平台要先思考品牌的未來規劃？　81

第 4 章　怎麼架品牌官網？

架設品牌官網的關鍵？　84

一頁式商店是什麼？　89

商品頁與一頁式商店的設計技巧？　94

加價購與滿額贈，厲害在哪？　99

資深顧問來回答！ 做品牌官網最常卡關的魔王？　105

第 5 章　行銷活動怎麼設計？

電商網站的行銷該怎麼做？　110

電商行銷的主流做法有哪些？　114

哪些功能沒用到，會讓你少賺錢？　119

活動如何搭配商品組合才吸引人？　124

資深顧問來回答！ 電商行銷不是只有投放廣告？　132

目 錄

第 6 章 除了投廣告，還可以怎麼找流量？

找流量的方法 1：內容行銷是必須的嗎？ 136

找流量的方法 2：EDM 行銷還有用嗎？ 144

找流量的方法 3：網紅行銷怎麼做？ 147

找流量的方法 4：如何加入聯盟行銷？ 152

資深顧問來回答！ 如何設計有效的行銷活動？ 156

第 7 章 成長趨緩時，如何提高營業額？

為何做電商要懂分潤制度？ 160

掌握訂閱制，業績就能自然飛漲？ 167

第三方串接也能提高營業額？ 171

資深顧問來回答！ 提高品牌營業額的祕技 177

第 8 章 會員經營策略

為何每個品牌都在做會員經營？ 180

如何制定會員經營策略？ 182

要了解會員，必須先分眾？ 185

會員系統必須有哪些功能？ 191

資深顧問來回答！ 掌握會員才能做好再行銷？ 197

第 9 章　哪時候需要租倉庫？

做電商該租倉庫嗎？ 200

想租倉庫該考慮哪些地方？ 203

電商倉庫系統的管理優勢有哪些？ 205

倉庫不夠放了，如何挑選適合自己的倉庫？ 208

倉庫月租費多少才合理？ 213

資深顧問來回答！ 專業電商倉庫一定能解決的 5 個問題 216

第 10 章　開實體店面要注意什麼？

什麼是 POS 系統？ 220

零售業如何用 POS 系統賺錢？ 224

雲端 POS 廠商怎麼挑？ 232

雲端 POS 機對門市有哪些好處？ 236

資深顧問來回答！ 挑對 POS 機，員工都不用加班了？ 241

第 11 章　想把東西賣國外該怎麼做？

何謂跨境電商？ 244

如何利用跨境電商平台亞馬遜賺百萬美元？ 247

初營跨境電商會遇到哪些挑戰？ 255

跨境電商有什麼眉角？ 259

目　錄

什麼是跨境物流？ 274

什麼是跨境金流？ 277

資深顧問來回答！ 跨境電商常見的 3 大迷思 282

第12章 電商的未來發展趨勢

電商有需要做 APP 嗎？ 286

做電商一定要找代營運嗎？ 292

OMO 整合為何是電商未來趨勢？ 295

電子票券跟快速到貨為何重要？ 302

一定要做 OMO 布局嗎？ 309

用哪種架站平台，能為未來做準備？ 314

第13章 【案例篇】5 大品牌的電商經營術

1 ｜ 如何讓品牌官網成為線下通路的助力？ — 碧歐斯 324

2 ｜ 如何 IP 變現，用行銷力極大化品牌價值？ — Fandora Shop 328

3 ｜ 如何用雲端 POS 布局全通路零售？ — 麗嬰國際 333

4 ｜ 如何以科技力提升消費者體驗？ — 一之軒 339

5 ｜ 老公司如何轉型，以生活品味打動消費者？ — 奧本電剪 343

好評推薦

「本書使用淺顯易懂的方式講解電商最容易遇到的問題，你不用擔心一堆專業術語看不懂，可以讓人少走很多歪路。除此之外也教了低風險創業的概念，我很喜歡，畢竟能活下來是最重要的，而不是豪氣地賭上全部身家。每一個想在網路上創業的人，都應該要看看這本書，會非常有幫助！」

—— 王繁捷，貝克街蛋糕負責人

「燒賣研究所是台灣最活躍的電商社群，常有朋友會來臉書社團提問，希望有人能幫忙解答。例如：老闆叫我開始做電商怎麼辦、蝦皮競爭越來越激烈怎麼辦……各種大哉問。雖然社團熱情的人多，可是商業環境複雜，每個人面對的情景有所不同，答案多是獨一無二的最適解。如果發問者未能做好初步分析，就算是顧問也很難隔空抓藥。

這時有先看過《電商經營100問》就好了！本書結構清晰，無論是入門時需要建立初級電商知識，或者事業卡關時，都能從各章節中找出問題脈絡。『問對問題，答案就不遠了。』查找完書中內容，若還有困惑，再來社團提問與交流，一定能更有效地討論實務答案。在此推薦本書給電商行銷人，當作案頭必備工具書。」

—— 周振驊，燒賣研究所笑長

自序
打造你的理想事業，
獻給所有電商人的實戰書

　　親愛的讀者你好，我是蘇基明。

　　身為 CYBERBIZ 執行長，我最常耳提面命公司同仁的一句話是：「我們之所以存活，不是因為『現在』我們做了什麼，而是『過去』我們做了什麼」。

　　2014 年，CYBERBIZ 草根創業。如果請當時的零售產業談談對於未來事業的經營想像，「數位轉型」肯定還是一個相當陌生的概念。經營實體門市的獲利與成就感，讓許多經典老品牌、滿腔熱血的創業家，心中想投入的都是「擁有自己夢想中的店」。如果那時候請他們思考線上事業的布局，對他們來說，就是「重要但是不緊急」，可有可無的待辦規劃。

　　然而，誰又想得到，2020 年一場世紀大疫，徹底改變人類生活。在新冠肺炎（COVID-19）疫情重創之下，百業蕭條、社交模式大幅改變，不僅消費者比以往更傾向在線上購物，店家也會開始調整產品樣式，讓產品更適合於線上銷售，可想而知，未來的世界消費模式將不再有線上線下的區隔，而是要思考哪個通路較為便宜、較為方便。

　　「我們之所以存活，不是因為『現在』我們做了什麼，而是『過去』我們做了什麼。」這句話，現在讓我送給閱讀此書的各位讀者。

　　新冠肺炎的影響是全面的，不僅強化了各年齡層的消費者於線上消費的習慣，也順勢帶起了企業端進行 OMO 新零售（Online Merge Offline）的新趨勢。所謂的 OMO，就是同時整合「線上市場」與「線下市場」的全通路進行販售。

　　請各位讀者記得，「線上」與「線下」從來不是兩種對立的選擇，有關 OMO 的精髓，具體而言要怎麼操作，以及未來趨勢，都在本書有進一步的說明。我們希望透過這本書，能協助有志經營電商的台灣品牌及商家，更了解、認知真實市場的現況，因此我們從開店前的準備、開店、導流、行銷、會員，到未來電商趨勢等，整理出商家最常見的疑難雜症，給有心參與或正在經營中的讀者，都能在書中獲得解答。

　　相信各位讀者對於自己的事業都懷有高度的理想。然而，完美並不存在，完美是一種胸懷。希望閱讀過這本書的讀者，都能夠具備基礎的電商經營知識，也希望各位讀者，在未來想進行電商創業的時候，也不要忘記有 CYBERBIZ，我們永遠是可以簡單開店，並陪伴你解決經營煩惱的最佳夥伴！

前言
掌握電商經營底層知識，
從零開始成為高手！

　　因為新冠肺炎（COVID-19）疫情衝擊，許多人不敢出門購物，除了讓許多實體店面遭受嚴重打擊，也讓網路購物這件事，從年輕人專利變成了全民參與。

　　事實上，以經濟部統計處的數據，從 2020 年開始，零售業網路銷售的年成長率都是 20% 起跳 *，這也從側面證明了品牌投入電商生意的急迫性。當消費者的習慣發生改變，對於商家來說，無論你過往有沒有電商經驗，都必須思考該不該開始做網路生意，畢竟消費者在哪，錢就會在哪。

　　關於如何做好網路生意，坊間早已有許多課程、文章或書籍分享經驗，CYBERBIZ 又為何要推出這一本書呢？

　　因為我們在長期輔導客戶的過程中，發現許多想要開始網路生意的人，缺乏對於電商市場的全貌想像。CYBERBIZ 做為台灣在地的電商開店平台，至今服務超過 35,000 個來自不同產業的品牌商家，成功開啟網路事業及數位轉型，我們敢自信地說，我們能夠更設身處地理解，並幫助本土品牌解決經營電商會遇到的大大小小問題。

　　為了讓更多品牌能順利地了解經營品牌官網的全貌，這本《電

---

* 經濟部統計處〈網購市場順勢躍升新高，成長率優於整體零售業〉，2022 年 2 月。

商經營 100 問》的章節架構是有經過特別安排的。本書的第 1 章到第 3 章會告訴你電商入門須知，也就是「品牌想要做電商必知的知識與考量點」。而第 4 章到第 6 章則是分享經營電商初期最容易卡關的問題——「如何架設及營運品牌官網」。

當你解決這些問題的時候，你的品牌官網應該實現了初步的獲利，接下來會遇到的問題就是第 7 章與第 8 章探討的「如何擴大營業額以及怎麼經營會員」。當我們的營業額越來越高時，你必然會遇到是否要租外部倉庫或是開設實體店面的選擇題，這就是我們第 9 章與第 10 章要解決的問題。

也就是說，本書從第 1 章到第 10 章，完整構建了一個品牌從剛進入電商市場到占有一席之地的過程中，在各階段會遇到的問題與解法。

當你確認自己已經站穩腳步，就可以參考第 11 章後的內容，我們會告訴你品牌要踏入全球市場前必須知道的那些事，以及 CYBERBIZ 所看到的未來趨勢，最後更邀請了 5 個知名電商品牌分享經營祕訣。

我們敢大膽保證，**當你今天閱讀完這本書，你已經走完了從初營電商到銷售全球的完整歷程，並與許多人拉開了思維上的差距。**

CYBERBIZ 對於這本書的期待是，今天無論你身處電商經營的任何一個階段，不管是網路開店的 0 到 1 或 1 到 100，翻開這本書都能夠有所獲得。考量到電商市場是日新月異的，今天流行的社群媒體或行銷手法，或許一個月之後就不再被提起。所以本書並沒有提到太多社群經營手法或是廣告投放策略，我們分享更多的是策略性的思考方向，以及實務上會遇到的問題與注意事項。

因為銷售的技術雖然會不斷進化，但**技術的本質仍是為了「銷**

售商品」而服務，只要我們能夠扎實地掌握「銷售商品」的底層知識，就能夠不斷再創佳績。

　　無論你是電商從業者，或是即將踏入電商世界的人，我們都相信這本書能夠在某個環節幫上你的忙。如果想要了解更多電商大小事，也可以直接與 CYBERBIZ 聯絡，我們的開店顧問一定能為你解惑！

開店前必備知識與
迷思破解

　　「電商」是電子商務（Electronic commerce）的簡稱，也是網際網路（Internet）與商務（commerce）這兩個字的組合。而根據經濟部商業司的定義，只要是指任何經由電子化形式所進行的商業交易活動，都可以稱為電子商務。也就是說，如果一項交易是透過網路完成，並且其中有涉及到資訊流、商流、金流、物流等四大層面，都可稱為電子商務。

為什麼大家都在經營電商網站？

　　有意發展電商事業的你可能有觀察到，許多大品牌除了會在 PChome 等電商平台上架產品，還會另外跟開店平台合作建立自己的「品牌電商網站」。

　　在我們講品牌電商網站是什麼之前，要先釐清什麼是通路平台。我們最常聽到的通路平台就是像 PChome、momo 購物網、蝦皮、露天等網站，例如你要買耳機，但沒有特別挑牌子的時候，你可能會去 PChome 或 momo 逛逛，看哪個耳機的價位跟質感符合你的喜好與需求，這類平台就是所謂的通路平台。就像是百貨公司，你如果沒有特別想要買的品牌，通常會每間店都逛一下，差別只在於通路平台是一間無人百貨，你看到商品只有制式的介紹，沒有店員會來招呼你。

經營品牌電商官網的好處

　　用這類通路平台就很像是我們去外面租房子，房東會客氣地

跟你說把這邊當成自己家，但你也不會真的就當自己家開始隨意粉刷、裝潢或釘釘子，如果房東要調漲房租或請你搬走，你也沒辦法說不。

回過頭來講，**你如果建立了自己的品牌官網，就等於你有了一間自己的房子**，想怎麼裝潢就怎麼裝潢，想怎麼設計就怎麼設計。

進一步說，消費者會對你更有印象，這也是為什麼很多品牌除了在通路平台上架，還要自架品牌官網的原因，如果你的商品只有在通路平台上架，是很難在消費者心中建立印象的。

自己做品牌電商的 2 大優點，**第一是掌握會員資料，第二就是提升消費者對你的品牌印象**。而這 2 個優點正是許多大品牌會前仆後繼經營品牌電商網站的原因。

1. 掌握會員資料

掌握會員資料這件事，對每一個想要做品牌的企業來說，都是非常重要的。因為只有當你能夠掌握會員資料，才有機會把會員洗成「鐵粉」，也更容易跟會員互動，賺到更多的錢。

那要怎麼跟粉絲或會員互動呢？臉書粉絲專頁、臉書社團、YouTube、Instagram 都是可以接觸到他們的地方，這些社群網站的優點是每次都可以接觸到不同的人，但同樣地，如果你每次都接觸到不同的人，那你也很難對他們產生印象。

如果目標客群都是三四個月才看到一次這個品牌的內容，他們也會很難對品牌產生好感。但如果你透過品牌官網留下會員的資料，你就可以三不五時地聯繫他們，那就不用再害怕臉書或YouTube 調降觸及率，或是演算法又做了調整。

2. 建立品牌印象

在網路上做生意的品牌這麼多，消費者為什麼要買你的產品，而不是買別人的產品？如果你有除了便宜或規格更好的答案，那就代表你已經有做品牌的基本概念。

如果想要跳出蝦皮或 momo 這種「比誰更便宜」的競爭市場，那就要放棄過往的低價策略模式。當消費者上 momo 的時候，內心一定是在想怎樣買會更便宜，然後會去比較各通路平台的價格差。**如果一直在這個市場跟其他品牌競爭，永遠就只能砍價格、吸收成本，最後每個通路平台上的品牌都陷入一種不斷內捲的競爭。**

但是自己做品牌電商就是另一件事情了，因為消費者在逛品牌官網時，沒有其他的競品去干擾他的思維，他就只會去思考你的產品有沒有符合他的需求。

另外，建立品牌電商還有一個非常大的優勢就是，你可以讓消費者對你快速產生好感。想像一下，當你跟各領域的醫藥專家、藝人、網紅合作，推出一支又一支影片，又或是利用創意做出了許多讓消費者留下深刻印象的內容，又或是你被部落客、新聞報導、電視節目採訪等，你要怎麼確保這些成績能完整被消費者看到呢？並不是每個消費者都會在網路上到處搜尋你的品牌做過哪些事。

如果你有自己的品牌官網，除了可以把媒體報導都保留下來，還可以把臉書跟 YouTube 的連結嵌在網站裡，讓品牌電商跟社群網站有一個正向循環。來到臉書或 YouTube 的消費者會知道你有網站，來到網站的消費者也會知道你有臉書跟 YouTube 可以逛。

網路開店前有哪些須知？

許多人在思考電商創業的時候，總是會考慮要不要辭掉正職工作，專心來做電商。在你做最終決定之前，建議你先想好以下這些事情。

須知 1　先下場才能知道怎麼贏

只有真正的進場，才能夠了解市場。 或許你有很多聽別人講的經驗，又或是你已經在業界打滾了一段時間，覺得已經很了解這個市場，但在你真正拿錢投入之前都還不能夠算是了解市場。我們也不推薦你直接貿然入市，比較建議的方式是先產出「最簡可行產品」（minimum viable product, MVP）之後，先做市場測試並進行快速迭代，在花費最小的成本之下，達到最好的效果。

如果你有一個賣咖啡豆的新構想，或是你看到了某個新市場，我們並不建議你馬上就找開店平台合作或直接找中盤進貨 100 包來賣，而是你可以先去賣場買 2 包咖啡豆，先在蝦皮開設個人賣場，再去一些咖啡愛好者的社團進行宣傳。**開局比較小的時候，你也比較能夠彈性調整。** 像咖啡豆這種東西是有期限的，如果你一次就進 100 包咖啡豆，賣不出去就只能丟掉，你的心思最後可能都會放在怎麼處理快過期的豆子，又或是直接低價出售，這種做法其實都違背當初你想要測試新市場的想法了。

須知 2　顧客不會自己來

　　許多創業者在建立品牌官網或是蝦皮賣場之後，就認為顧客會源源不絕出現，這就是會導致你失敗的想法。

　　如果什麼都不做，訂單一定不會進來。而「導流」這件事最看重的還是消費者在哪裡，例如你要賣年輕人的潮流服飾，那你的主戰場絕對不是臉書，你的戰場應該是 Instagram 甚至是 Meteor。先了解消費者會在哪裡，習慣用哪一種模式發文之後，你才有辦法做好導流。

　　除了導流，另一個問題就是你要如何把客人留下來，這件事是你在經營蝦皮這類網站很難做到的事情。我們更建議你同時做品牌官網，知道如何解決「客人怎麼來」跟「客人怎麼留下來」這兩件事的時候，你就不太需要擔心這間店開不開得成了，因為有人流就有錢流，只要能掌握會員，當你挑對他們需要的產品，就自然能達成銷售了。

須知 3　要看的數據很多，但其實不複雜

　　剛要學習電商的時候，最可怕的地方莫過於一大堆要看的數據和該懂的專有名詞，你可能很常聽到像是 ROAS（廣告投資報酬率）、ROI（投資報酬率）、CPC（單次點擊成本）、CPA（每次行動成本）、轉換率、流量等名詞，然後聽人家說要檢查 GA（Google Analytics）報表，裡面又有像是工作階段、跳出率、新使用者等一堆看起來高深莫測的名詞。

　　你不需要一次就弄懂所有的專有名詞，而是依據自己目前的電

商發展情況，去了解每一個階段需要關注的主要目標就好。

須知 4 行銷跟客服最好自己來

　　因為你現在在網路做生意，不像在實體店面做生意，你很難透過對方的穿著打扮、說話口氣或對話內容去判斷消費者的需求。消費者在網站上購物通常是一種逛逛不用錢的心態，那你該怎麼讓他在逛逛的時候覺得你跟他是同一掛的，如何用他習慣的文字或溝通方式跟他講話，如何設計出他會使用的消費動線等，都必須要仰賴你經營社群跟客服經驗所累積出來的手感，這樣才能讓自己立於不敗之地。

　　經營電商無法看到消費者的長相，但你必須知道會對你的品牌、你的產品有興趣的消費者長什麼樣子，以及怎麼跟他互動與溝通。這就是建議你一開始「自己做客服」的原因。自己做客服才能知道消費者遇到的真正問題是什麼，可以從客服的疑問中優化自己的網站、產品，甚至找到下一支產品開發的方向。這雖然不是件輕鬆的事情，卻是經營品牌時一定要先做的事情。

須知 5 你不一定要離職創業

　　最後就是心態問題了，心態崩了，什麼都會崩掉，會讓你心態崩潰的最常見原因就是沒錢。當你的錢一次次打水瓢，或是眼看存款慢慢見底的時候，你一定會越來越擔心自己會不會斷炊，然後本來預計布局一年的計畫，縮短到半年，甚至是 3 個月等，都是很正常的事情。在《反叛，改變世界的力量》這本書中，提到一個觀點

是「成功的開創者會在某一場域冒極大風險，而在另一個場域極度謹慎做為補償」，這個觀點符合風險管理組合，如果你在某項投資冒了極大的風險，那你就會傾向在其他方面降低風險。

所以我們並不建議你直接辭了工作就創業，而是要讓自己有一個保持理智的空間。電商創業就是最適合這個模式的創業方法，如果你想要做電商創業，並不一定要放棄正職才能全心投入。因為電商最強的優點就是 24 小時皆可收單，如果再串接第三方物流系統，更是讓你連出貨都不用處理。只需要下班之後，坐在電腦前看一下訂單狀況，回一下客服，再調整一下廣告，就可以休息了。

品牌電商如何獲利？

這世上的所有企業都是為了賺錢而生，公司不賺錢就是倒閉，所以我們先來討論電商的賺錢公式是什麼，再來討論做電商一定要知道的賺錢策略，這樣就可以讓你多賺錢。

品牌電商的通用賺錢公式是：

業績＝流量 × 客單價 × 轉換率

賺錢要素 1 流量

流量是電商經營的最大難題，大家都想要找優質且便宜的流量。在十幾年前臉書剛興起的時候，就是公認的便宜流量。但現在的臉書流量也不再便宜了，如果想要透過自然觸及來做社群宣傳，

除非你的粉絲專頁體質非常好，有很多人會在粉絲專頁裡跟你互動，不然你就會像現在很多百萬粉絲專頁的貼文按讚數沒有破千。

當我們依照社群媒體的規則去發布內容，一旦社群改了規則，過往能為你帶來紅利的做法可能就沒有效果了。所以我們更建議你**不要只依靠社群網站的演算法，而是透過廣告投放和內容行銷獲取流量**，前者可以為你獲取即時的大量流量，後者可以幫你帶來長期的穩定流量。

所以現在許多電商經營者會投入更多的心力在內容行銷，像是寫部落格、拍影片、錄 Podcast 等方式都是很好的選擇。建議你廣告投放和內容行銷要同步進行，因為想要做電商生意，如果沒有流量就不會有訂單，但是單做內容行銷初期能為你帶來的流量是非常有限的，一般想要有成效至少需要半年以上的時間，但是開店做生意不太可能就這樣空燒半年到一年，這時候就需要投廣告來幫我們導流。

賺錢要素 2 客單價

「客單價」就是你的客人平均每次購物會花多少錢，最簡單的「平均客單價」計算邏輯是「整個月的營業額 ÷ 訂單數量」。而這個數字對於做電商的人來說是很重要的，當我們可以猜測這個消費者的購買力時，你才知道要怎麼推薦商品給他。

要注意的是，如果你在規劃行銷策略時，會劃分高單價客群與低單價客群的經營策略，就需要分開計算這兩種客群的客單價，以免端出的方案無人買單。

客單價有另一個重要的地方是，我們可以透過提高客單價的

方式獲取龐大業績。很簡單的邏輯是，假設你一個月會有 200 筆訂單，如果客單價從 1,000 元變成 1,100 元，看起來一筆訂單只是提高了 100 元，但你的整體業績卻會提高 200 筆訂單 ×100 元，即 2 萬元。只是提高了客單價，也不用多花錢，就可以多賺 2 萬元的業績，有沒有很心動？

賺錢要素 3　轉換率

轉換率簡單來說就是，進店裡逛的人數除以最後有達成交易的人數。假設你這間店平均一個月會有 500 個人來逛，並且你會達成 100 筆交易。那你的轉換率（成交率）就是（100÷500）×100 = 20%。

但是你得先知道一個很殘忍的事實，**電商的平均轉換率落在 0.5%～ 5%**。也就是說，來到你網站的人，如果 100 人裡面有 5 人願意買，那就是很厲害的電商了。這就像是你去逛街，走了二三十間也不一定會買東西。電商更是彈指之間的事，你連腳都不用走，也沒有店家老闆會跳出來直接服務你或是給你優惠，轉換率（成交率）比較低也是很正常的。

🖥 如何找到電商賺錢的完美策略？

前面分享了品牌電商的賺錢公式，只要把這 3 個關鍵賺錢要素都掌握好，就可以讓公司的營收不斷增加。接下來我們就要談談策略面的相關問題了，只有對的策略加上好的執行力，才能讓公司不

斷賺錢。

賺錢策略 1　快速驗證你的想法

　　還記得前面提到的「最簡可行產品」嗎？最簡可行產品除了可以幫你測試產品，也可以用來測試你的商業模式。例如你是一間實體咖啡店的老闆，想知道自己能不能做網路生意，我們建議你的第一步並不是直接架網站，而是在門市擺上 LINE 官方帳號的 QR 碼。

　　因為來到實體門市的客人的品牌黏著度是最高的，他們體驗過你的產品，也與你實際互動過，所以這群人的轉換效果會是最好的。當你想要透過網路賣產品給他們，是相對簡單的，如果你嘗試用 LINE 官方帳號銷售咖啡豆給這群人時，你至少可以確認 2 點：

1. 網路購物的出貨環節需要注意哪些事？
2. 在沒有與消費者面對面的時候，要透過怎樣的照片、文字跟對方溝通，他們才會買單？

　　一旦先掌握了這 2 點，其實就掌握了出貨流程與銷售力，接下來要解決的就只是要挑選哪個電商平台而已。而這件事情的好處在於，你可以極有效地縮短驗證流程。建立一個 LINE 官方帳號頂多半小時，你還不需要花上幾個月的時間去研究如何上架與電商平台提供的功能，就可以先知道自己的產品銷售環節或是定價是否會遇到問題，並且在確認能夠賺錢的情況下，再導入電商系統。

賺錢策略 2　保持品牌形象

　　大家都說品牌形象很重要，但是做品牌是很燒錢的，直白地說，如果你沒有好幾百萬可以燒，那建議你先不要想做品牌行銷。以可口可樂公司為例，可口可樂一罐賣 29 元，它為了要保持自己的龍頭地位，一年的廣告費用是 40 億美元（約新台幣 1,200 億）。你覺得用幾萬元就可以搞定自己公司的品牌形象嗎？

　　品牌形象其實很單純，**消費者覺得你是什麼，那個就是你的品牌**，就像可口可樂在中國被戲稱為「肥宅快樂水」，就是因為消費者認為可口可樂能夠為他們帶來許多快樂。當你今天給消費者的認知是你的產品都會打折，那消費者就會等你打折的時候才購買商品。一時的委屈求全並不代表會有好的結果，我們更建議你要有底線跟堅持。

賺錢策略 3　產品要少，內容要足

　　電商就是賣商品，但賣什麼商品就是大學問。而**最重要的選品邏輯就是不要賣太多也不要賣太雜**。這個說法可能很不符合直覺，畢竟電商的一大優點就是你可以一次賣 1 萬件商品，擴大打擊面，成功率不是更高嗎？這就是一個重要的眉角，如果從消費者的角度去看，一間新開的店賣了 1 萬件商品，但只有兩三筆成交訂單。如果你是消費者，會不會覺得這間店不可靠？

　　但如果你的策略變成「賣全台灣所有獨立咖啡店的咖啡豆」就不一樣了。就像前述的品牌印象，當你今天跟消費者說你賣了 100 種不同的咖啡豆，消費者會認為你是咖啡豆的專家，而這種做法也

能夠快速地幫你建立消費者的印象。

賺錢策略 4　只做一次生意會讓你虧本

　　過往許多電商都不重視「回購率」，但因為臉書廣告費日益攀升，這件事情也變得非常重要了。許多電商在做第 1 筆訂單的邏輯是「不虧錢就好」，他們期待的是第 2 筆之後的訂單可以慢慢賺到錢。

　　而回購率在拚的就是顧客終生價值（Lifetime Value, LTV），指的是計算顧客與商家維持買賣關係的時間內，能夠貢獻多少收益。也就是「你的客人總共會在這間店裡花多少錢？」舉例來說，如果你固定每週一、週五都會去星巴克買早餐，那你在星巴克的 LTV 計算如下：

$$LTV = 每週平均消費 2 次 \times 一年總週數 52 週 \times 平均貢獻區間 200 元$$
$$= 2 \times 52 \times 200 = 20,800 元$$

　　對於星巴克來說，你每年可以為它貢獻 20,800 元的營業額，而這個觀點和平均客單價的計算是截然不同的。如果你只想著這張單只有 200 元，那你想到能增加利潤的方法可能只停留在如何拉高客單價或是降低成本這兩件事上。但如果今天計算出客戶的平均 LTV 是 20,800 元時，你的眼光就會放得更遠，如果我們可以在前期給顧客更好的服務，增加他回頭購買的機會，那我們就可以賺到更多錢。

賺錢策略5 把錢花在對的地方

與其花大錢去做品牌（如果只有幾萬塊的預算，不叫大錢），還不如老老實實地把這些錢讓利給消費者，或是提升商品品質。不要小看商品品質對品牌的影響，對於品牌來說，**產品是一，品牌價值是後面的零**。如果你的品牌強，讓你有很多個零，但是產品很弱，沒有前面的一，那你的營業額就是無數個零。

經營電商有哪些平台？

經營電商沒有哪個平台最好、最容易成功，每個平台都有各自的優缺點，端看哪一個最適合你跟你的商品。當然，如果你有時間想都試試看，也未嘗不可。以下分享3種主要的電商經營平台。

平台1 通路平台

通路平台，指的是大家逛網拍會看的蝦皮、婆婆媽媽最愛的momo、3C控離不開的PChome等，這些都屬於大型通路平台。

這類型電商平台的特色在於平台就像一個管理者，招募各式各樣的店家進駐，由於店家數量夠多、種類夠多元，因此消費者都會很願意來這裡消費，而有了一定數量的消費者來瀏覽、下單，也就會吸引更多店家願意來平台開店，兩者可說是相輔相成。

在通路平台上消費的會員，註冊的都是通路平台的會員，所以**店家無法掌握顧客的消費資料與明細，也無法利用數據去加以分析**

銷售資料，更無法以此去做「再行銷」，對店家來說非常可惜。因此，如果是有心想要經營品牌的店家，比較不建議單獨使用通路平台，如果時間跟預算允許，還是搭配自己的品牌官網一起經營，更能營造出品牌特色，以及擴展規模！

平台 2 開店平台

開店平台指的是像 CYBERBIZ、SHOPLINE、91APP 這類電商平台，是由平台去研發出一套系統官網，並依照不同的需求、預算，規劃出從費用低到費用高的方案，提供店家依照自身的需求去選擇、製作官網。

好處是在架設官網時從頭到尾都有專人從旁協助你，不管是對上架商品有困惑、還是金流跟物流需要協助、後台設定時遇到問題等，都可以隨時詢問客服或你的開店顧問。尤其這類型平台通常都會不斷更新自身功能，跟隨時代進步，以防客戶的競爭對手有了新功能，自己的客戶卻沒有。

開店平台會提供比通路平台更多的服務，像是分潤、直播、一頁式商店等功能，讓客戶可以依照需求去做行銷，有的開店平台甚至有自己的倉儲物流服務，可以幫助品牌更快速地成長。

平台 3 自架網站

自架網站就是不靠開店平台，憑一己之力架設網站。一般而言，會自己寫程式的老闆不多，所以選擇自架網站的店家，大部分是會聘請工程師，或請專業的網頁設計公司代為操作。這類型的網

站非常適合用來做形象網站，因為整個版面都可以自己設計，就可以避免跟別人重複，自主性也相對的高，能打造出屬於品牌的特殊風格。

雖然自架網站不用像開店平台那樣每個月要付月費，也不用被通路平台抽成，但是請一個工程師，一年薪水至少要 100 萬元；如果是請專業的網頁設計公司，光是一個有質感的網頁，製作費用花到五十幾萬都是有可能的。再來，網頁公司做完網頁後就結案了，如果你未來看到對手推出了什麼新功能，回頭要再請網頁公司幫你更新或維護，那就要不斷加錢，數字也是很可觀！

該賣什麼商品？

除非是已經有實體店面、營業許久的店家，不然要在眾多商品之中做抉擇，總是讓人十分困擾。如果你也正在煩惱要賣什麼，建議你可以從這些方向來思考看看。

易上手的商品 1 手工文創商品

說到該賣什麼商品，最容易讓消費者願意買單的，就是「特別」、「他又剛好需要」的商品，而手工文創商品恰好很符合這個標準。

你有沒有類似這樣的經驗 —— 你和朋友相約去逛街，看到一雙看起來還不錯的鞋，你有點猶豫要不要買，結果店員跟你推銷說：「這是我們家獨家的商品，穿出去不會撞款哦！」聽到不會跟別人

撞鞋，你腦波一弱就買了。

消費者喜歡「自己最特別」的感覺，對於特別的商品也比較沒有抵抗力。所以如果你剛好有一點才藝，會製作手工商品，不妨從這裡下手試試看。例如插畫貼紙、手工飾品、手繪筆記本等，都是不錯的選擇，只要有品質、有抓到消費者胃口，不僅願意買單的人不少，而且單價也可以抓得比較高。

易上手的商品 2　時下熱門商品

如果你不會手工藝，也沒有什麼特別的想法，建議你可以上大型的通路平台觀察最近的流行，像是蝦皮、momo 的推薦商品，看看每個月大家瘋狂在購買的都是哪些產品，又是走怎樣的風格；你也可以多逛逛大型的社群論壇，像是 Dcard、PTT，可以觀察眾多網友討論、迴響度很高的是哪些產品，加以統整，從中找到符合創業預算、自己也感興趣的商品。

雖然參考時下熱門產品，看似沒有主見，但是換個角度想，大家都在討論的東西就代表有一定的市場，沒購買只是還沒有受到足夠的刺激和誘惑，這時候就要看你行銷的本事，想辦法展現出商品誘人的一面了！

易上手的商品 3　自營工廠、產地直送商品

最後一種容易上手、獲利高的商品，則是不用透過批發商、中盤商，可以直接找到工廠跟產地做合作的商品。如果你有門路可以找到這種商品，直接跟第一產地做接洽，那樣就不用被層層剝削，

有什麼製作、生產品質上的問題，也比較好溝通，不管是在維持品質，還是賺取的利潤上，都是比較好的。

 大家都在關注的電商問題有哪些？

如何推廣顧客不喜歡分享經驗的產品？

像是生髮用品、情趣用品、營養保健品之類的私密性商品，大多數的使用者不太願意分享使用經驗，但消費者還是習慣上網了解這些商品的效果、怎麼挑選，或是各家品牌的比較。建議你要想辦法讓消費者可以在搜尋這些相關資訊的時候找到你，這也就是內容行銷在做的事情。

內容行銷可以使用的媒介很多，包含部落格文章、拍影片、錄 Podcast 等。如果是生髮產品，就可以撰寫像是「會讓你禿頭的 5 種生活習慣」、「掉髮原因多，盤點 4 種容易掉髮的類型」等內容，這種文章可以讓消費者在搜尋這類問題的時候更容易找到你。

想要做好內容行銷，有兩點一定要考慮進去：**產出的量要夠、品質要好**。大家都覺得內容行銷很重要，但是很多人可能就興致來了做一兩支影片或寫一兩篇文章，沒有立刻看到效益就覺得這個方法沒有效。但現在很紅的 YouTuber 都是蹲點了很多年、拍了很多支影片，才開始有人找他們業配。

同樣地，如果你期望做內容可以幫你帶來流量跟消費者，你至少要認真做半年以上才有機會，如果你覺得無法長期投入時間和精力來做內容行銷，那我們更建議直接用錢去投廣告，這樣能夠為你

帶來更大的收益。

想要產出內容，品質很重要。例如現在做 YouTube 需要投入的成本比幾年前來得更高，5 年前想要做 YouTube，可能只要拿一支手機來錄，只要內容夠好就會有人看。但現在因為很多藝人會跟攝影團隊合作經營 YouTube，無論是打光、攝影、剪接都是一流水準。當消費者習慣看這種等級的影片時，你用手機錄一支解析度 480p 的影片來給消費者看，他們是很難買單的。

所以，當我們要做內容行銷的時候，**你至少要知道現在這個領域誰做得最好，你能不能夠超越他？**如果你對這個問題沒把握，那我們建議你要想一下其他的行銷策略。

沒有品牌官網，如何拓展業務？

沒有品牌官網，想要拓展業務當然會很困難，但並不是沒有解法。最簡單的解法就是你要想辦法拿到客戶的電子郵件，或直接把他加到你的 LINE 群組或 LINE 官方帳號。把這件事情做的最好的就是團媽和櫃姐，很多團媽和櫃姐都沒有自己的購物網站，但是他們靠 LINE 聯絡客戶，也是把業績做得嚇嚇叫。我們認識一位團媽辦了 8 支手機，每支手機的 LINE 好友都加滿 5,000 人，她光靠 LINE 就做到年收百萬以上。

是的，就算你沒有品牌官網，只要你能夠不斷累積客戶名單，你的品牌業績就會不斷地成長。

經營蝦皮拍賣也可以把近期的訂單列成 Excel 表單，然後算出你的平均客單價、熱銷商品等數據，只是我們還是得面對一個問題：你要花多少時間來做這件事情？

就像前面說的那位團媽，她有 8 支手機、4 萬個聯絡人，LINE 訊息一定從早響到晚。如果你要推薦一個商品給這些聯絡人，你要花多少時間在這上面呢？對開店平台來說，所花費的時間就是按下送出的那一秒鐘；而你可能要花兩三個小時去回覆訊息。

所以再回到原本的問題，沒有品牌官網能不能拓展業務？答案是肯定的，但是你會花很多的力氣在維護跟整理資料上。而且也會有一個極限，一天只有 24 小時，你動作再快，也只能整理到某個程度而已。

好用的電商平台怎麼找？

當你在挑選開店平台的時候，一定會遇到一個問題是，這些平台的功能介紹看起來都很齊全，A 平台跟 B 平台的功能好像都差不多，只是可能同樣的功能在不同平台要不同等級的方案才能使用，那到底該選擇哪一個平台的方案呢？

關於這個問題，我們建議你先去了解你的競品網站會使用哪些功能，這些功能就會是你可能也會用到的，另外更建議你可以思考的點是「**你對於這個品牌的未來規劃，能不能夠透過開店平台加速實現**」。像是如果這個開店平台有自己的 POS 系統跟倉儲系統，就很推薦有實體門市，或是未來可能會經營實體門市的品牌，他們可以幫你把這些後勤統統搞定。如果你想要在未來做跨境電商或是把商品賣去外國，有些開店平台自己也有跨境團隊可以協助，只怕你不想做大，不怕他們幫你的品牌做大。

當然這些事情你都可以分別找到能夠協作的廠商，但如果是同一間公司的人就會更好辦事，有時候各個系統間的串連或是問

題協調，在同一間公司只要一兩句話就可以弄清楚；但如果是不同廠商，在訊息不對稱的情況下，光是釐清問題就要花費大量的時間了。所以建議你找有更多未來拓展性的開店平台，讓你把時間花在賺錢上，而不是解決系統串接問題。

• 開店平台跟你是否有相同的利益目標？

如果你曾比較過各類的開店平台服務，一定會發現有的系統商會收平台的月租費，有的系統商除了平台的月租費，還會另外收一筆成交的手續費。建議你從這 2 種商業模式出發去思考問題，如果這個平台有抽成，那就是**它可以從你的每筆交易都賺到錢，平台自然會更注重於幫助你賺錢，你能賺錢就代表平台能賺更多**。而不抽成的開店平台，他們會把開發新客戶放在更重要的位子，因為這才是它們的獲利來源。這並沒有對錯，如果你已經對電商系統很熟悉，也知道如何操作行銷等，你會很適合使用不抽成的開店平台，因為這類的平台業務通常會比較把重心放在開發新客戶，而不是維護舊客戶上。

使用抽手續費的開店平台還會有的好處是「功能開發速度」，如果這個開店平台是每筆交易都可以賺到手續費，那它就會願意拿出更多時間來開發新功能。因為只要這項新功能可以讓客戶多獲利，平台也會跟著獲利，所以有抽成的開店平台一定會更積極開發新功能。而對於沒有抽成的開店平台來說，開發新功能並不會讓企業獲利，所以他們的開發速度就會比較慢一點。

第一次做電商有哪些步驟？

架設品牌官網 Step1　調查競品

　　品牌官網銷售是有無限可能的，基本上只要不犯法，絕大部分的東西都可以在網路銷售。而當我們做品牌官網的時候，就要優先考慮你想要賣什麼樣的產品。假如你熱愛咖啡，並且會自己烘焙咖啡豆，因為每次自己烘的豆子都喝不完，朋友也說好喝，於是你萌生透過網路銷售咖啡豆的想法。

　　你該做的第一步不是去蝦皮申請個人賣場或是找設計師設計商標，而是**先了解現在咖啡銷售的市場狀況**，有多少消費者是透過網路買咖啡豆？這些會買咖啡豆的人多數屬於哪一種類型，是上班族、小資族、還是家庭主婦？以及他們一次通常會買多大包的咖啡豆、是否需要代磨服務？建議你先對市場做好研究，**至少花一個月的時間來調查，會讓你對市場的現況比較了解**。首先必須要了解：

1. 競品有幾間
2. 市場規模多大
3. 產品規格與價格區間
4. 消費者輪廓
5. 競品的宣傳手段

　　前期的調查要做得非常確實，因為這會影響到後續的一系列決策。

架設品牌官網 Step2 選品

　　當我們研究完市場之後，下一步就是思考你要賣什麼產品了。以販賣咖啡豆為例，如果你調查後發現目前市場上最常出現的是耶加雪菲、曼特寧、花神、藝妓這幾種豆子，那麼你一定要上架這些已經通過市場驗證的長銷品，但你也不能只賣這些產品。

　　建議你要**預留一些測試空間**，測試你開發的新產品或是你的獨特技術能否被消費者喜歡。建議暢銷、**長銷品占 70 ～ 80%，測試性的新商品只占全部品項的 20% 左右就好**。因為剛開店的時候，消費者對你還沒有產生信任感，他如果想要試試你的烘焙技術，一定是先找平常比較熟悉的品項。就像我們想要嘗試一間新開的飲料店好不好喝，就會先試他們的紅茶或珍奶，如果連基本牌都做不好，其他品項就更難讓人產生信心。所以，當消費者看到熟悉的商品時，會更容易下單。

　　另外，在初期選品的時候，建議你要**儘量找低價且回購率高的商品**，因為消費者在對你的品牌官網不熟悉的狀況下，不太可能一開始就買好幾千元的產品（除非是市場上的知名品牌）。而我們在這個階段最重要的任務是累積會員、讓銷售鏈運轉起來，回購率高的產品就可以讓消費者不斷地回來你的品牌官網買產品，你也會有機會賣其他不同的產品。

架設品牌官網 Step3 計算毛利

　　這步驟是你的品牌官網能不能持續經營和獲利的關鍵。毛利指的是「公司銷售產品後，扣除成本的所得」，也就是「毛利＝營業

收入－營業成本」，看起來很好計算，但當電商舉辦活動時，毛利很容易會被各種活動吃掉，需要特別注意。

　　舉一個簡單的案例，例如某商品的成本 175 元、定價 420 元、售價 329 元，毛利看起來是很單純的 329 － 175 ＝ 154 元。但品牌官網都會辦一些行銷活動，例如這幾種常見的優惠活動：

1. 行銷活動 A：VIP 售價 95 折
2. 行銷活動 B：3 入 79 折專區，1 件不打折
3. 行銷活動 C：紅利點數折抵 21 點即折 21 元
4. 行銷活動 D：臉書活動折價券 50 元
5. 行銷活動 E：滿千折 30 元
6. 行銷活動 F：滿千免運費

　　如果這些活動同時用在一筆訂單上，這筆訂單到底會賺錢還是賠錢？又可以賺多少或賠多少？是不是開始覺得兩眼發昏了？所以才會說細節決定成敗，如果你以定價 5 折進貨，以 7 折賣出，看起來好像有賺 20％，但是官網的會員紅利點數還可以另外折定價30％，變成每筆訂單都會虧到 10％。再加上單筆訂單金額滿 1,500元的免運活動，你又要多付一筆運費，最後就變成**活動辦越多、賠越多**的情況。

　　在你計算毛利之前，建議你先算好固定成本。一般來說至少會有這 4 項：

1. 運費：10％～ 15％（視客單價而定）
2. 廣告行銷成本：20％

3. 發票：5%

4. 雜項支出：10%～15%

　　固定成本的前 3 項都能大致算出來，我們要談的是最常被忽視的「雜項支出」。雜支通常包含很多難計算的東西，例如包貨成本（就算是你自己包貨，也要算進去）、房租、耗材（紙箱、膠帶、貼紙）等。

　　很多人會認為，把自己家當倉庫就省去房租錢，請家人幫忙包裝出貨也可以省去員工薪水。如果創業初期當然可以這樣做，但如果你的利潤是靠這些方法節省出來的，那就代表這個商業模式的體質不夠好，也沒有辦法擴大。例如，你現在生意越做越好，一天要出 500 件貨，你家光是原料跟包貨的空間都不夠了，如果去外面租一個倉庫，就會變成賺的錢都拿去繳房租；家人們本來一天花一個小時就可以幫你包完，但因為你生意變好，他們可能需要花上一整天來幫忙包貨，那你是不是應該要付他們薪水？

　　一旦多了這兩種支出，你本來一個月可以賺 5 萬，變成一個月只能賺 3 萬。如果想堅持少量出貨，那你就得承擔顧客流失的問題。**如果消費者每次來都看到缺貨，他很自然就會跑去你的競品購買產品了，這就是人性。**

　　所以，在做品牌官網的時候，絕對不能很簡單地用「營業額－進貨成本」這個方式來評估自己有沒有賺錢，很有可能你的狀況只是帳面好看，但實際上虧到不行。

架設品牌官網 Step4　找到適合的平台

　　決定好商品、計算好毛利之後，接下來就是要考慮適合你的品牌官網平台。在選擇品牌官網平台時，**價格是最不重要的事情**，因為當你找那種最便宜、月費只要幾百元的系統，一個月雖然能幫你省下幾千元，你也可能會因此失去多賺好幾萬元的機會。

　　不要認為這個不可能，舉例來說，陽春的品牌官網平台，他們的會員系統可能只能幫你分出性別、註冊時間、購買商品這類基礎資料，如果你要做 EDM（電子報）行銷，也許還要另外串接第三方系統來做。

　　如果你要針對買過某一類商品的消費者（例如買過耶加雪菲咖啡豆的人）做再行銷，你就得把所有的會員消費紀錄都匯出成 Excel 表單，再自己手動撈取有買過耶加雪菲的人，並且匯到第三方的 EDM 系統，再寄出信件。先不講資安問題，光是這個過程就足夠繁瑣了。或許你剛開始經營的時候，累積訂單只有一兩百筆，花個 15 分鐘來做還可以；但當你的累積訂單達到 1 萬筆的時候，你還要花時間一筆筆核對嗎？這可能至少要花一個小時以上的時間了。

　　但如果你使用的是直接把行銷功能建在品牌官網後台的系統，那當你累積 100 筆的訂單，操作時間只需要 3 ～ 5 分鐘；累積訂單達 1 萬筆的時候，操作時間一樣還是 3 ～ 5 分鐘。

　　你可能會想等自己做大之後再轉移平台，當然可以這麼做。但我們也必須坦承，各家的系統架構都不一樣，你很有可能會發生掉資料的情況。例如 A 系統的會員資料可能有 100 個欄位，但 B 系統的會員資料欄位只有 50 個，當 100 個欄位無法對應到 50 個欄

位，對不上的部份就會掉資料。更不用說欄位之間能否互相匹配的問題了，如果要換平台，就必須傷筋動骨。

回過頭來說，要怎麼挑選品牌官網平台？建議你在考慮時加入你對於這個品牌的未來規劃，能不能夠透過品牌官網平台加速實現。像是 CYBERBIZ 有自己的 POS 系統跟倉儲系統，就很推薦有實體門市，或是未來可能會經營實體門市的品牌，可以幫你把這些後勤統統搞定。建議你找未來拓展性比較好的品牌官網平台，讓你節省時間與精力，可以更專心於後面 2 個步驟。

架設品牌官網 Step5　設計與商品上架

關於品牌官網要怎麼設計，是一門不簡單的學問，包含視覺如何呈現、商品如何拍攝跟陳列、首頁要不要跑出浮動視窗、首頁的輪播版位要多大、要輪播多少張圖片、商品頁的呈現是否需要包含影片、商品的描述要具體還是簡潔、用戶的評價要不要放上去等。

如果你過往沒有相關經驗，建議**先參考你的競品**，他們家的輪播圖放 5 張你就放 5 張、商品介紹有圖文搭配你也要放圖文搭配，如果他們的品牌官網生意不錯，至少可以證明這套是消費者買單的，先複製這套邏輯至少不會出錯，之後我們再慢慢地優化。如此一來，你才會有一個比較的基準，而關於商品頁的設計和文案敘述，除了參考競品，還可以加上你**對目標顧客的觀察**，像是他們會用哪些專業術語或是流行語，讓顧客感到親近。

另外還有一個小建議，很多品牌官網平台都會提供公版的網站版型給你套用，這些版型一般都不會太差，但是平台為了考慮泛用性，在設計上就不會做太多變革。**如果你合作的品牌官網平台**

有支援開放 CSS 修改，你就可以把網站設計成你理想的樣式。像 CYBERBIZ 就有很多客戶會請網頁設計師幫忙調校和優化頁面，變得更適合自己品牌的風格。

架設品牌官網 Step6 宣傳

想要在網路上做好生意，最重要的就是網路行銷要做好。要用什麼樣的方式來宣傳你的產品，會因你的產業屬性而定，例如你想讓顧客覺得你的咖啡好喝，影片分享的方式一定比靜態的文章分享來得好，也比錄製 Podcast 好。

但是這並不代表你就一定要經營 YouTube，還有非常多的方式可以達到宣傳的效果，像是：內容行銷、投放廣告、社群經營、EDM 行銷、業配合作、團媽分享等。

什麼是電商經營的地雷？

網路消費的人口數不斷成長，年齡層也越擴越大，就連老人、小孩現在都學會網購了！這樣的情況下，電商市場當然也以驚人的速度蓬勃發展，成為 2020 年成長最迅速的產業。

在你想要在網路上賣東西之前，必須先知道一個事實，**現在經營電商已經很難單打獨鬥了**，原因是無論是 Yahoo 拍賣、露天、蝦皮，進駐的許多店家都已經累積 10 年以上的操盤經驗、數以萬計的優良評價，以及習慣跟他們下訂的鐵粉客戶。所以，在進入這個戰場前，就要好好思考自己有什麼優勢是難以取代的。

不要只用通路平台

通路平台是一個很適合消費者比價的空間。很簡單的邏輯，當你在蝦皮搜尋「○○熱水壺」，就可以看到好幾個店家都有賣同一款的「○○熱水壺」，價格也沒有太大落差。如果你是消費者，通常就是在這幾間店家進行比價，比較誰的優惠力度最大、店家過往有沒有負評、又是怎麼處理負評等，如果沒有什麼問題，就會直接下單了。

當我們把角度換成店家的時候就很可怕了。對店家來說，消費者如果看到你的商店過往沒有銷售紀錄，他就會擔心你的出貨品質，就算你的價錢比較低，他也會擔心這個產品是不是來路不明，或是有瑕疵才會有這種價格。所以對於新進店家來說，會遇到一個尷尬的局面，如果你賣的是跟其他人一樣的品牌商品，除非你能拿到最低價，不然在蝦皮這個戰場，就只能看你的運氣好不好，是否剛好有消費者看到你的商品頁並進行購買。

如果你想要賣自己的手作小物、代購或是一些很難拿到的產品，可能會比較有銷售機會，但前提是你必須能夠讓消費者看到你的產品。簡單地說，如果你是新進店家，想要靠蝦皮的自然流量來銷售是一件非常困難的事情，因為假設你的商品是「手作手環」，同類型產品在蝦皮有 6,000 個銷售產品，但是如果你在商品名稱多加「原創」二字，你的競爭對手就瞬間變成 720 個。

也就是說，如果你現在要進場，做品牌跟原創性的商品才更有機會。但是，這又會衍伸出一個問題，你要如何讓喜歡你產品或是有跟你買過商品的消費者再次找到你？消費者在這類平台購物，一次看到的就是上萬種商品，非常難對你的品牌產生印象，通路平台

最終都會變成價格的競技場。而這也是很多早期從 Yahoo、露天起家的人，最後都跑去做自己的品牌官網的原因。

不要選熱門商品開局

越好賣的商品，競爭對手會越多。你可以試著在蝦皮搜尋「蒸氣眼罩」，保證會讓你對於這類產品在蝦皮的銷售量及價格嚇得目瞪口呆。一個眼罩賣 11 元，還可以 99 元免運費，都讓人懷疑這個產品是不是不用錢的了。

所以在開局的時候，不建議選擇那種非常熱門的產品，一來是你很難打贏先行者的優勢。人家一個眼罩隨便就在蝦皮賣了三四萬個，你要怎麼贏對方？要仔細地去區分市場並且找出甜蜜點，你的產品最好是屬於消費者有聽過，但還不太熟悉的類型。像暖暖包這類產品在大家印象中就是 10 ～ 15 元，就算你想出一個特殊的技術或包裝，定價也很難拉高。

所以，切入點要變成：**你能否找到一個產品是現在消費者比較不熟悉的，或是你能不能做出不同於以往的規格設計，讓消費者不曉得這個產品的定價多少錢才合理**。就像統一集團推出左岸咖啡館系列飲品，當時飲料櫃裡只有利樂包這樣的包裝方式，統一自家的麥香紅茶跟奶茶都是一罐 10 元。如果今天你要賣飲料給消費者，是採利樂包的包裝，消費者就會下意識認為這個產品價值 10 元，頂多 15 元。而統一當時設計了市面上沒有的新包裝，讓消費者認為這個商品與過往其他飲品不一樣，他們就會願意多付錢。

所以當你要賣新商品的時候，你可以想一下，能不能提出嶄新的設計或概念給市場，讓你與市面上的競品做出區隔。

當你決定銷售的產品之後，下一步就是要思考，你提出的產品概念或設計，誰願意買單？這就會牽扯到這個產品未來的定價、利潤、銷售方式以及行銷手法等。也可以再細分，你要走高端市場還是平價路線、你的毛利可以支撐你使用哪些宣傳手法、要在哪個平台上架等，這些問題都需要深入地了解跟比較，才能知道答案。

不要凡事都用最低標準

現在想要做電商創業已經不是一件很容易的事情，你除了要具備信心跟野心，還需要擁有完整的布局跟思考。就像現在要加入 YouTube，也是很困難的事情，因為對觀眾來說，1080p 以上的畫質已經是基本要求，如果你想跟以前的 YouTuber 一樣，直接拿一支手機來隨手拍影片，那消費者也會隨手把這支影片關掉。

同樣地，如果你想要做電商，你就得思考自己在產品製作、包裝、出貨、商品頁設計等方面，能不能做到蝦皮的優選店家水準，而這個只是最低標準而已。再來的問題是，如果沒有流量，你要怎麼引入流量、投放廣告、安排行銷活動、找推薦人等，還有最重要的問題，你有沒有預算來做這些事？

這些投入都需要花時間和金錢，如果你現在的資金並不充裕，最好要謹慎思考。電商雖然能夠幫你在未來實現自動化賺錢，但很多人在做到這件事之前，就先鎩羽而歸了。

決定電商生意成敗的關鍵是什麼？

—— 顏健裕（Ryder），業務總監

在電商業務工作中，我常在第一線遇到傳產老闆對於投入電商轉型的遲疑和恐懼。其實線上生意沒有想像中的難，如果你已經成功經營實體生意，換個領域你一樣能做得很好。因為電商也是生意，一樣是賣貨給消費者，只是做法不同。在各位開始做電商生意前，請謹記以下 5 個決定生意成敗的關鍵，檢視自己是否有可以優化的地方。

1. 產品

相信各位都是各領域產品的專家。只是要提醒一件事，線上是虛擬生意，販售時**請特別花心思處理產品的呈現**，好的產品更要透過優秀的「視覺」及「包裝」，搭配呈現給消費者。「視覺」是從產品圖設計到銷售頁的設計，這是品牌的第一印象，也是創造差異化的方式。而「包裝」是商品的介紹文案，也包含品牌的故事、消費者心得分享、商品開箱等，若精緻的視覺卻搭配雞肋的產品介紹，就會像沒塗果醬的烤土司一樣難下嚥。

2. 會員

實體門市天生自帶過路客生意,線上生意的人流則需要開發,因此更要在會員經營上下功夫,**不只要創造會員,更要經營關係。**要謹記,官網是販售的主體,而社群則是創造關注和討論的地方,應該避免太多銷售訊息操作,以客群有興趣且和品牌風格相符的內容為導向。

3. 服務

消費者在決定是否購買某樣商品時,評估的不僅有商品品質,也包含了商家的服務品質和可信度。而電商不像實體門市可以直接與消費者互動,因此更需要重視品牌官網的「客服回覆」、「出貨品質」與「退換貨規則」,這 3 點是消費者的安全感主要來源,務必特別著重。

4. 行銷

網路生意占比最高的是行銷費用,而電商經營初期最大的門檻是外部流量導入,沒有流量其餘都白費。當生意剛開始沒有會員的階段,更要固定支出廣告來導入人流,並利用多種行銷活動促成購買。開始有生意後,才能談後續會員的經營創造回購。選擇有多元行銷功能的開店平台,更是行銷成功的關鍵之一。

以 CYBERBIZ 的服務方案為例,一年花個幾萬元就可以有媲美市場上第一線知名品牌規格的強大系統做後盾,支援百萬甚至千萬

營收的訂單規模和各類複雜的行銷活動。

5. 成本

　　請先算出產品的「毛利率」，因為它不只影響品牌獲利的多寡，也決定這個生意需要成長到多大規模才能獲利，也等同品牌賺錢的能力。算出毛利率後，你可以推算出「商品的獲利能力」與「銷售規模」這 2 個讓品牌成功的關鍵。

- 商品的獲利能力：獲利空間大，就能拿出更多的行銷預算，或是當商品滯銷時能下殺出清。而獲利空間小，則須反思是否要調整產品定位或包裝，拉高商品定價取得更多毛利。
- 銷售規模：毛利率可以回推生意獲利需要達成的營業門檻，也能幫我們覆盤推演自己的創業準備金和緊急預備金額。

第 2 章

做電商需要
哪些後勤？

電商門檻高，要會哪些技能？

每年的畢業季都有許多職場新鮮人因為看好電商產業的未來發展，希望可以在這個領域奮戰。但必須老實說，電商這個領域非常競爭及忙碌，許多公司都會優先錄取有相關經驗的人。

如果你過往所學或工作都沒有這方面經驗，的確會比較難入門。當然有問題就有解法，相比於其他產業，電商已經是一個很容易培養經驗的產業了，例如你可以在讀書時就花一點課餘時間去開一個蝦皮賣場，賣東西補貼生活費的同時，也會累積電商經驗。

新鮮人想進電商要學習哪些技能？

若你對電商產業有興趣，或是認同線上購物是一個未來必然的趨勢，並且想要在電商領域占有一席之地，那麼具備哪些能力能夠讓你的求職之路更加順暢呢？我們整理了電商人必備的 4 種技能，你可以檢視看看自己是否具備這些能力。

1. 基本電商知識

建議先把本書看完或是上網搜尋「電商百問」的系列文章，你就能夠掌握這個領域至少 80% 的基礎概念了。當然很多操作的細節還是需要你另外花時間去學習。例如「怎麼看 GA 報表」，對於有經營品牌官網的企業是必備技能，但如果你的公司只有使用 momo 或蝦皮這類的綜合性平台，學會看 GA 就不是必備技能。

2. 會規劃產品行銷

當你進入了一個品牌電商，一定會遇到產品操盤的問題，包含怎麼定位、怎麼行銷宣傳等，基本上都需要你提出自己的想法。

我們列出了以下幾個產品行銷的操作順序，幫助你檢視自己對這方面的認知和理解是否正確。只要能夠看懂並知道各項的基本做法，就可以說自己具備了產品行銷的基礎知識了：

(1) 釐清產品定位

(2) 了解選品的邏輯

(3) 知道產品定價策略布局

(4) 能建構產品通路邏輯

(5) 會設計產品促銷活動

(6) 寫出電商產品銷售企劃書

(7) 完成電商行銷檔期的活動規劃

3. 能產出產品銷售素材

除了必須知道怎麼從零開始規劃產品行銷，你還需要知道怎麼包裝出一個好的銷售故事、如何寫出動人的文案以及產出有擴散力的宣傳素材，將這些元素結合在一起，才能讓你的商品賣得好。

當然，一般企業並不會要求新鮮人面面俱到，基本上你只要能夠看懂並知道這些事情要怎麼做，就可以說自己具備了商品銷售的基礎知識：

(1) 洞察消費者的需求

(2) 知道如何講述產品故事

(3) 能設計出動人的故事結構

(4) 會撰寫吸引人的標題與文案

(5) 知道如何拍攝高品質的商品素材圖

(6) 能產出高質感的商品影片

4. 理解廣告邏輯

廣告是一個真實的戰場，它會很清楚地告訴你：「你的文案到底吸不吸引人？產品到底有沒有競爭力？」最簡單的驗證方法是，**你在撰寫完產品文案之後，花 500 ～ 1,000 元去操作廣告，如果有人買單，就代表你的文案有轉換力。只有當你真的開始花錢，你才會知道如何看待廣告成效**，這些是單純上課無法帶來的體驗。在測試廣告的過程中，你其實就會慢慢具備以下幾個能力：

(1) 知道在 Google 和臉書投放廣告的基本知識

(2) 能夠判讀數據與成效，並知道怎麼優化

(3) 有廣告投放實戰經驗

新鮮人如何提高進電商的成功率？

前述的技能，只是很粗淺地列出大家對進入電商產業的最常見問題，這也是為什麼電商公司需要即戰力的原因。事實上，在做電商工作會遇到的問題，也只是前述的九牛一毛。那要怎樣做，才能讓自己被公司視為即戰力呢？

1. 擁有實戰經驗

你可以在學生時期就先經營自己的蝦皮賣場來賺外快，同時要設定一個目標——「一年內，每月的平均營業額超過 1 萬元以上」，為什麼要設定這個標準呢？我們來簡單計算，想要達成這個目標，你需要多少筆訂單？像蝦皮的平均客單價大約會落在 300 ～ 450 元之間，就以最低的 300 元來計算：

總營業額 10,000 元 ÷ 平均客單價 300 元 = 33.3 筆訂單

也就是說，你在經營蝦皮賣場時，每天都必須有一筆以上的訂單，並且客單價不能低於 300 元。當你達成這些條件時，就代表你已經知道「如何挑選適合的產品，並撰寫出打動消費者的文案」，而這 2 件事就是電商銷售中最重要的核心競爭力。對企業來說，這也意味著你能夠更快進入軌道，為公司帶來產值。

2. 經營蝦皮的能力就是電商行銷力

想要每天都能有進單，雖然不是太困難的事情，但這代表你至少需要最基礎的文案撰寫能力、照片攝影能力、挑選商品的能力，還需要知道怎麼計算成本、投放廣告以及做促銷活動。

當你有這個成績之後，未來你去任何一間電商公司面試，就可以直接拿出你的蝦皮賣場，展現你在經營這個賣場時遇到了什麼問題，並且透過什麼方式來解決問題。對企業來說，能夠做到這種程度的新鮮人，絕對足夠應付未來的任何任務，你也可以談一個比較漂亮的薪水。

另外一個做法就是從相關的工作入手，像是客服或營運助理，

都是相對經驗門檻比較低的職務，從這類工作著手，先求入職，再求調轉。等你進去公司之後，你還可以私下詢問負責電商業務的同仁電商部門有沒有擴編的機會，又或是有些實體零售業也開始布局網路銷售，也會是一個求職的好機會。

該成立公司還是行號？

如果要做電商生意，到底是成立公司比較合適，還是成立行號比較划算呢？這 2 種模式無論是承擔的風險、未來的可期性、要繳納的稅金等都有很大的差異，就讓我們娓娓道來吧。

公司是指依《公司法》規定登記成立的社團法人，而其股東僅就其出資額負責。只有做商業登記就是行號（商號），負責人或合夥人負擔無限責任。如果你是登記行號，且每月的營業額在 20 萬元以下，就可以向國稅局申請免用統一發票，不用請會計師之外，每季直接由國稅局按查定營業額乘以 1% 稅率計算營業稅，如果有開統一發票則須徵收 5% 稅率；而公司需要使用統一發票，稅率5%。要成立公司還是行號？有幾個必須考量的點。

股東人數

首先就是你的股東是一個人，還是一個人以上。如果是行號，可以一個人就成立。當你成立了行號，如果之後要變更股東，譬如原本是兩個人成立這個行號，其中一個人退出了，你這個行號就必須撤銷，再重新建立一個行號。

但是成立公司就會有調整的空間，例如原本這間公司有兩個股東，其中一個人退出了，那只是股東的變動，並不需要把公司關了。所以選擇成立公司或行號的其中一個重點就是，你要先考量到現在的股東，或是你未來會不會期望找人入股等，因為公司的負責人可以變更，行號無法。如果負責人或股東超過一個人，開公司會是比較好的選擇。

關鍵在於，**公司成立時間對許多消費者或合作對象來說是非常重要的**，一間成立超過 5 年的公司，一定比成立不到半年的公司更讓人有信任感，所以想要把路走遠，申請公司會比較適合。

行業現況

對於特定產業的經營者來說，無法自由選擇自己要開設公司或行號。在政府規定中，並不是所有的營業項目都能開行號，所以建議你先查詢經濟部商業司提供的「限公司組織型態經營或須標明專業名稱一覽表[*]」，確認你是否屬於政府認列的特定產業（例如金融、保險、觀光業）。

有些營業項目限定只能以「公司」型態經營，例如觀光業、保險業、租賃住宅業等。此外，由於有些投標案件會有公司規模或組織的限制，有些客戶或廠商也只願意和「公司」進行合作，因此考慮到未來事業可能發展的諸多面向，開設公司會是比較好的選擇。

至於電商公司還要看業務往來對象的需求，有一些廠商只跟有限公司往來。另外如果你要投標，有些標案會有規模、組織的

---

[*] https://gcis.nat.gov.tw/mainNew/html/t70013.htm

限制，這些都是需要列入考慮的。如果你拿不定主意，可以看一下這一行跟你類似商業模式的人是開公司還是行號為主，做為參考依據。

責任歸屬

行號是無限責任，當行號有欠款時，若是這個行號資金都賠上了還不夠，就會追溯到建立行號的負責人的個人財產，直到把債務還完。而公司則是有限責任，以出資額為限，賠完出資額就沒事了（惡意或違法除外），比如說出資 50 萬，最多就是這 50 萬賠掉。

但在兩個股東以上的情況下，有時候你也不知道對方會做什麼，如果你選擇行號，對方用行號的名義借錢跑路，你還需要負連帶賠償責任。

如果是公司，就是你出多少錢，你的責任就是那個上限。所以假設一開始的資本是兩位股東共出資 100 萬，其中你只出資 30 萬，你最多就是把這 30 萬賠掉。

換個說法，假設你現在開兩間雞排店，一間是行號雞排店，一間是公司雞排店。不幸的是兩間雞排店都倒閉了，如果是公司雞排店，最多就是把資本的 30 萬賠掉；但如果是行號雞排店，對不起，不管對方要求多少你都要賠完，這就是行號的風險。

稅率

這樣看下來，成立公司其實對創辦人比較有保障，為什麼還是有人想成立行號？

　　原因就是行號的營業稅只需要 1%。如果你的營業額沒有達到到 20 萬，就不用繳營業稅，但 20 萬以上就會跟一般公司一樣了。而且 20 萬以上一定要開發票，所以如果你一個月會賺到這個金額，就一定要開發票了。通常會建立行號的店家規模沒有很大，如果你有壯大公司的期許，其實就建議你直接建立公司，這樣你才會有新的資本或股東可以加入。

　　無論是公司或行號都需要開發票，差別在於如果你是個人開立行號，一個月的營業額沒有超過 8 萬元，是不用繳營業稅的。8 萬是營業稅的起徵點。意思是營業額在 8 萬以下不用開發票。營業額在 20 萬以下，你就可以申請免用統一發票，直接開立收據。而營業額如果達到 20 萬以上，你就要做所謂的營業登記並開立發票。

1. 公司繳營業稅＋營所稅

　　稅務方面，如果是公司就要繳營利事業所得稅，你的年度收入總額減除各項成本費用、損失及稅捐後的純益額就是營利事業所得，簡單說就是收入減成本。假設賺 100 元，那這 100 元直接乘以 20% 就是營利事業所得稅（營所稅）。成立公司的稅率計算很簡單，即 5% 營業稅＋ 20% 營所稅。

2. 行號繳營業稅＋個人綜所稅

行號相對來說比較複雜，你要繳多少稅，要先看營業額：

- 營業額 0 ～ 8 萬元：免開發票或收據（免營業稅＋個人綜合所得稅）
- 營業額 8 萬元～ 20 萬元：須開收據（營業稅 1%＋個人綜

合所得稅)

- 營業額 20 萬元以上：須開發票（營業稅 5%＋個人綜合所得稅）

如果你的營業額是 100 萬，扣除成本費用 80 萬，最後只剩 20 萬。對行號來說，你是不用繳公司營利事業所得稅的。這 20 萬會直接併入個人的綜合所得稅。

貸款的難易度

一般來說，公司會比行號更容易申請貸款。雖然貸款需要評估很多方面，但因為公司有《公司法》的規範限制，加上設立公司必須申請會計師資本額簽證，讓銀行或其他單位在放貸時較有保障，因此相較於行號來說，會更願意借給公司。

所以如果你未來遇上增添設備、增加行銷費用、擴大公司規模等情況，要增加資金需求，公司會比行號更有機會核過貸款。對銀行來說，**行號通常就是小商行，銀行貸款會過的機率幾乎是零**。你若有雄心壯志，想要把生意的規模變大，建議你一開始就成立公司，銀行貸款可以讓你的公司多一項資金來源。

未來的服務範圍

你想做地區性生意，還是希望拓展到全國？因為公司跟行號的管轄機關不一樣，而名稱的保護範圍自然也不同。

例如，開遍全台灣的鬍鬚張魯肉飯，他的公司名是「鬍鬚張股

份有限公司」。如果他成立的是「鬍鬚張商行」，只要哪個縣市沒有「鬍鬚張商行」，你就可以去那邊開一間「鬍鬚張商行」而不違法，成立公司才能有效避免重名。

表 2-1　電商成立公司或行號的比較表

	行號	公司
名稱保護範圍	縣市	全國
免用統一發票使用	可以	不可以
組織變更範圍	不可變更	可變更
清償範圍	無限清償	以出資額為限
貸款難易度	較難	較容易
營業稅率	5%（使用收據為 1%）	5%
營所稅率	併入個人綜所稅申報	20%

📟 做電商要開發票嗎？

開公司跟行號，稅率的差距很大。因此有沒有開發票，會大大影響到獲利，例如你想要讓毛利提高 5%，可能要花非常多的時間去調整成本結構，但是如果你少開一張發票，毛利就直接多 5%，才會有這麼多人鋌而走險。

有銷售行為就一定要開發票嗎？其實不一定，在某些特定的情境之下，是不用開發票的。如果你是行號，銷售金額在 20 萬以

下，是有機會不用開發票的。只要你可以拿到免開統一發票的證明。如果你的銷售額連 8 萬都沒有，那就連收據都不用開了。如果你是公司，無論營業額多少都要開發票。

漏開發票會怎麼樣？

漏開統一發票被發現會很麻煩，除了罰錢，你未來被查稅的機率也會大增。基本上會遇到這 3 件事：

1. 罰款

不是單單補繳就好，還會有罰款。這在業界叫「連補帶罰」，1,000 萬的未開發票本來要繳的營業稅是 50 萬，繳完之後，還需要繳納 5 倍以下的罰款。如果按照最高罰則，你要繳給政府的錢就是補繳 50 萬＋（罰款 50 萬 ×5 倍）＝ 50 萬＋ 250 萬＝ 300 萬。然後如果一年內被政府抓到 3 次，國稅局還可以直接讓你停止營業。

如果真的不小心因為漏開發票要補繳，建議你可以先到國稅局討論，因為國稅局也不希望這次罰完之後，這間公司就倒了，所以其實是有協商的空間。當國稅局想要罰你 1,000 萬，你就可以跟他表明你現在的償還能力有多少，例如你目前只能還 500 萬，或是能否用分期償還的方式繳款。

2. 罰款不繳的後果

如果你是經營公司，最壞的情況就是直接宣告公司破產，資本額拿不回來。但如果你成立的是行號，因為行號是無限責任，所以當你遇到無力償還的狀況，就算你宣告倒閉還是需要償還欠政府的

款項。

另外，還有一個很常被忽視的事情是，國稅局有追討權。它可以往前查 15 年，所以就算你今年沒有被抓到逃漏稅，明年如果被抓到，你還是得繳。

更可怕的是，因為逃漏稅就代表你沒有列在帳上，那國稅局要怎麼計算你少繳多少稅？有些國稅局人員會用推估的方式，以你今年業績狀況去推估去年的業績，但或許你今年的業績特別好，那你又要怎麼去舉證去年的業績其實很差呢？

3. 勒令停業

如果你一年被抓到 3 次漏開發票，國稅局是有權直接勒令你停業的。所以，漏開發票對經營者來說其實是風險非常高的行為。

電商漏開發票，國稅局會怎麼查？

很多人說做生意要低調是有原因的，基本上國稅局查稅有兩種模式。第一種是收到民眾檢舉逃漏稅，就會立案調查，如果屬實則會開罰。

另外一種是自己去找。聽說很多稅務員都會去看美食節目或是排隊美食的新聞廣告，對國稅局來說，無論是突然爆紅或是買廣告置入的品牌，都代表他們的收入還不錯，那到底有沒有誠實納稅就是一個可以探究的案子了。

當然，並不是說買廣告或做異業合作就一定會被國稅局盯上，而是你最好不要有僥倖心理，因為稅務一查可以查 15 年，如果為了省小錢而賠大錢就真的得不償失了。

而且國稅局查稅時不一定會直接問你，也可能去跟你的上下游廠商調資料。尤其是做電商生意要特別注意這件事情，因為電商平台一定會保留相關的帳務資料，像是 PChome 商店街裡有「廠出商品」，這種就是消費者購買商品後由廠商出貨給消費者，PChome 不管出貨，只協助金流付款。

如果國稅局要查這間店家有沒有誠實納稅，它不一定會直接叫店家提供資料，而會發函給電商平台，請平台方依據《稅捐稽徵法》提供訂單資料。國稅局再把這份資料拿去比對店家開出的發票，到底有沒有漏開發票就是一翻兩瞪眼。

過往或許還可能會因為你的上游廠商也是開紙本發票，所以有漏開或是不好調閱的問題，但現在電商平台都是直接系統自動化作業，訂單資料進後台調一下就有，所以抱持僥倖心態只會讓你吃虧受害。

資深顧問來回答！

做電商要具備哪些能力？

—— 陳佩華（Lily），業務副理

「顧問，我們如果要開始發展電商品牌，首先要準備什麼？」

每每在和客戶洽談中，遇到這樣的問題，總會覺得很難回答，做電商就是一種生意，也是將一個商業模式的分析跟判斷實踐出來。過程中，需要的心態、技巧、眼光及判斷能力，可能三天三夜都講不完整。但若是把問題歸納成：「須具備哪些能力再開始做電商？」我認為可以簡單分成 3 種能力。

1. 用圖片說話的能力

並不是說圖片很美、很有設計感或者很藝術，就能夠表達清楚你要傳達的內容。而是你如何**在有限的篇幅內，既能清楚表達商品或品牌的特色，也讓消費者輕鬆看到你要表達的重點**。只要消費者不耐煩，任憑你有仙丹，也推銷不出去。

2. 隔著螢幕學習的能力

有別於線下生意，電商經營者有大量的時間是坐在電腦前進行「獨立作業」。即使這個行業的發展趨近成熟，仍不像學習數理可

以找到家教、健身有教練能夠手把手貼身教學。

電商從業工作的困難點在於，工具會不斷推陳出新，除了要快速學習，還需要考量到如何將新工具與現有的工具做結合。倘若抱著一種「改天再找人來教我好了」的心態，那可能準備換工作比較快，**電商這條路必須主動積極學習、吸收新知**。

另外，因為我們不會與消費者面對面溝通，你如何從數據層面去判讀與預測消費者的反應，也是一項重要的功課。例如為什麼消費者進入一頁式商店後並沒有直接下單，而是到其他的商品頁下單？這是因為頁面設計的問題，還是商品組合的問題？在遇到這樣的情況時又該如何排查問題呢？網路上都可以找到這些問題的解法，而我們也必須學會隔著螢幕，體會消費者的感受。

3. 尋求協作夥伴的能力

電商的優勢是 24 小時皆可運作，當產生品牌效應時，其傳播跟發散的速度更快且廣。但其實更常被忽略的另一大優點是，它是一門是可以由少量的人力，大量複製出巨大工作成果的生意。

舉例來說，一家實體門市要做到月營業額 500 萬，可能需要包括店長、副店長及員工等十幾個人力。但經營電商，想要做到相同業績，不用 5 個人就能辦到。這類的例子，在 CYBERBIZ 合作的品牌中不勝枚舉。

究其原因，是電商生意的自動化流程，當你設計好銷售路徑之後，無論是一個人下單或一萬個人下單，你都不會產生額外的時間成本。

然而真正會消耗時間跟精力的，是可以被取代，甚至外包的工

作內容，如「金流（對帳及發票）」和「物流」作業，前者會增加企業內部的溝通成本；後者則會降低電商人員精兵化的可能性。如果你選擇外包這些工作，就能將重心專注在產品開發、商品組合、會員管理、企劃行銷、社群經營、廣告投放、更有溫度的服務等，而以上每一種都是企業能夠真正營利的關鍵跟價值所在。

　　曾經有一個隱形冠軍品牌說過：「未來的電商拚的不是誰已經占據了最多的山頭，而是下一個山頭誰能用最快的速度抵達。」請謹記，**不可被取代的並不是某個品牌或某個產品，而是充滿韌性的思維。**

第 3 章

如何找開店平台？

開店平台有什麼優點？

我們非常建議想要做電商的品牌都要有自己的品牌官網，因為擁有一個品牌官網對品牌來說真的太重要了，只有你擁有自己的品牌官網，才能夠讓品牌避開「人為刀俎，我為魚肉」的情況，例如曾經鬧出大風波的 PChome 出走潮，又或是蝦皮漲價風波。跟通路平台合作就像是在租店面，當房東調漲租金的時候，你只能選擇吞忍或是出走。也因為如此，現在只要是有一點名氣的品牌都一定會有自己的品牌官網。

而架設品牌官網的方法有很多種，其中最建議的就是使用開店平台的系統來做品牌官網。開店平台的優點在於對於品牌經營的發展性，可以先檢視以下這 3 點發展性是否有幫助到你，假設你也認同，再來選擇開店平台：

1. 培養專屬會員
2. 通路虛實整合
3. 掌握全面數據

培養專屬會員

如果你問那些電商老手，跟開店平台合作比通路平台更有優勢的地方，十之八九都會跟你說，開店平台可以「擁有專屬品牌自己的會員」。

請試著回想一下平常在通路平台購物的經驗，不管是在 momo 購物網，還是在 PChome、蝦皮，是不是都要先申辦會員，有了會

員資格，才能下單？但是你有沒有想過，你申辦的會員是屬於平台的，其實你下單的那間店，根本就拿不到你的會員資料？

開店平台則反之，每一個品牌、每一個官網，都擁有屬於自己的會員資料庫，當你有了會員資料之後，**不僅可以掌握每一筆訂單的消費者到底買了什麼，還可以根據手邊消費者的消費資料，做精準的分眾行銷，對於提高品牌的營業額，更是有利無害！**

通路虛實整合

開店平台的系統可以「將線上通路和實體通路做整合」。如果你同時擁有一間實體店面和一間網路店面，你不必像在其他通路平台上架時一樣，把兩邊當成不一樣的平台來經營，相反地，你可以視它們為同一間店面的兩個部分，以同一個策略經營，並互相導流，做虛實整合。

只要有一台雲端 POS 機就可以辦到了。有別於傳統 POS 機只能做記帳、結帳的工作，雲端 POS 機不但可以結帳，還具有行銷功能，能夠幫消費者申辦會員，做一些加價購、小抽獎等遊戲，還能夠在第一時間就把消費者的消費資料傳回後台，讓消費者無論是在品牌官網或線下門市都能享有一樣的購物體驗。

掌握全面數據

最後一個開店平台對品牌發展非常有幫助的優點，就是「全面數據的掌握」。如同前述，只要利用雲端 POS 機，實體店面和品牌官網的會員就可以整合在同一個系統，這不僅意味著資料的統一

性，更意味著品牌可以不漏掉任何一筆消費者的消費資料。

這有什麼好處呢？好處可多了，不僅能夠發送更精準的 EDM 與簡訊給喜好不同的會員，做更精準的會員再行銷，還可以利用**全面化的數據做更精細的產品規劃與銷售策略，讓自己的成本更精簡，避免不必要的浪費。**光是在節省成本和提高營業額上，有了全面的數據，就會有許多幫助。

同時，我們也可以透過掌握全面的數據，試著去分析與推銷，那些流失的消費者，是為什麼不買單？在一趟消費旅程中，哪裡讓消費者感到不愉快，是哪個環節出了問題？

表 3-1　通路平台 vs 開店平台

	通路平台 （例如 momo）	開店平台 （例如 CYBERBIZ）
優點	1. 擁有較高流量 2. 參與平台活動 3. 壓低行銷預算	1. 專屬品牌網站 2. 自有行銷活動 3. 累積會員資料
缺點	1. 產品同業較多 2. 會員經營較難	1. 行銷成本較高 2. 自建品牌流量

如何挑選開店平台？

現在市場上有非常多種開店平台，我們建議你要謹慎地思考要選擇哪間開店平台。因為更換平台是非常耗時且麻煩的事，這裡列出選擇開店平台時要注意的 7 個重點方向。

付款方式是月繳還是年繳？

　　你可以先確認自己需要使用的功能在這個開店平台是屬於初階功能，還是進階版才會有的功能。同時，也可以參考有使用這個開店平台最高階方案的網站案例，這樣你才會知道他們到底可以做到多強。因為很多的功能是各家看起來都有，但實際效果差很多。

　　例如分潤功能，有些開店平台可以做到很細緻，拆分給不同的團媽不同的抽成，並且可以直接進系統後台看銷售報表。但也有的開店平台是全網站統一設定分潤比例，還要自己產出銷售報表。在實務上，前者會遠遠方便於後者。

　　因為一檔活動可能會合作 10 個 KOL 或團媽，依據每個合作對象的狀況不同，你可能會有不同的合作抽成或時間。如果你可以讓合作對象自己進系統看銷售報表，他們就可以自己跟公司的會計請款。你也不用擔心因為太多合作對象，讓你的帳目亂掉。

　　像這種看似不起眼的差異，卻很可能會影響到你未來在做行銷操作時有截然不同的布局策略。各家的功能一定多少都會有落差，為了更好理解這間開店平台的系統能幫助你到什麼程度，建議你可以**直接請開店顧問示範最高級的方案**。

　　雖然你不一定現在就會用到那些功能，但當你看過之後，至少心裡有數。而這些也會影響你最後要選擇哪一個平台跟哪一個開店方案。

訂單會不會抽成？

　　開門見山地說，我們建議你選擇有抽成方案的系統商。抽成的

方案雖然看起來比較不划算，但整體其實是利大於弊的，因為抽成才能做到利益一致。有抽成的開店平台一定會更主動地協助你，也會更願意開發新功能，因為這兩件事都能夠幫店家提高營收，而對有抽成的開店平台來說，等於他們可以賺更多錢。

那些會不斷開發新功能的平台，一定都是有抽成的開店平台，而對於沒有抽成的開店平台來說，找新的客戶才能幫他賺錢。

有沒有限制商品上傳數量？

這是很容易被忽略的點，有一些開店平台會限制商品上傳數。但是我們的網店如果發展越來越好，商品數量一定是越來越多。

而且有時候辦活動，會把某些商品複製起來修改價格，又或是另外複製之後套用一些宣傳活動，這些都是很常見的操作行為。所以在實務上，如果你使用的是那種有限制商品上傳數的開店平台，你就要很注意已上架商品數量，並定期清理。

網站流量有無限制？

流量的限制問題，對於品牌來說就是一個平時不會特別在意，但在意時已經來不及的隱藏問題。因為做電商很在乎有沒有爆單，如果某一個行銷活動辦得很成功，一天湧入 500 張單也是很常見的事情。

就像你如果找對合作的部落客，只是開個團購，一天就是 200 萬入帳。但如果你使用的是那種有限制網站流量的開店平台，那你就會無法賺到這 200 萬，因為到時候你的網站會直接被灌到當機。

網站後台是否開放 CSS 與 HTML 修改？

後台開放 CSS 與 HTML 修改，能讓品牌自行設計網站介面，這影響的就是消費者是否願意去逛你的品牌官網，如果我們做出一個消費者喜歡的品牌官網，就能有效提高消費者的購買意願跟訂單的轉換率。

但許多架站平台都只是提供一些簡易的模板讓客戶套用，這就會很可惜。開店平台設計的模板，一定是希望可以讓越多人使用越好，所以這類模板通常不會有太多特殊的變化，也可能不適合你的品牌調性。

所以建議你優先找那種有開放 CSS 與 HTML 調整的開店平台，你就能夠設計出一個完全跟套版網站不一樣的品牌官網。精心設計過的網站，也更容易讓消費者對你產生品牌印象。就像你去逛百貨公司，特別裝潢過的櫃位一定比什麼設計都沒有的櫃位更容易讓你有印象。

並不是說你一定要從頭設計一個版型，才能符合品牌官網開店需求，而是如果有這樣的開放空間就是有備無患，未來也不可能只是因為品牌官網的版型設計不夠好看就換一間開店平台，所以讓自己在一開始就有足夠的選擇權是比什麼都重要的。

物流、金流系統是否串接完整？

網路開店最繁瑣的就是金流與物流的串接，東西放到平台上銷售除了要有倉儲空間及配送成本，還要考量消費者購買後在付款上的便利性，若只能轉帳而不能線上刷卡或超商繳費，很可能會降低

消費者的購買意願。

　　這兩件事看起來好像只要有就可以，但魔鬼藏在細節裡。**當你可以提供消費者越多的物流跟金流選項，消費者的下單機率越高。**尤其是台灣的消費者極度依賴便利商店店到店的服務，如果你使用的電商平台沒有提供這項服務，你就會錯失非常多訂單。

　　另外還有「一鍵退貨」的功能，今天消費者如果需要辦理退貨，商家也不用自己去安排物流取貨，只要客服在系統後台按退貨鈕，系統就會直接發動逆物流，安排司機去取貨，消費者也可以從後台看到退貨的進度，這樣你就可以省去處理這張訂單的時間。

會員系統是否完善，有無貼標功能？

　　會員功能的完善性是非常重要的，做電商最重要的事情就是賺錢，賺錢又可以分成賺新會員的錢跟賺舊會員的錢，但是如果你使用的開店平台只有很陽春的會員功能，也不能做會員貼標 *，那你每次做行銷活動的時候就只能廣撒行銷信，多花錢不說，還會有消費者因為一直收到行銷信，就直接把你的信件都歸類到垃圾郵件，那你未來就算有再適合這個消費者的商品，他也很難看到了。

---

* 將會員貼上購買行為標籤（例如：曾買過禮盒組、一年消費 5 次以上），讓你未來可以針對特定會員設計專屬的行銷活動。

表 3-2　5 家開店平台比較，找出最適合你的平台

	CYBERBIZ 專業級	SHOPLINE 網站新手	91APP 旗艦方案	WACA 輕量版	MeepShop 銀神燈
成立年分	2014	2013	2013	2015	2013
最低月費	2,500 元	4,375 元	4,167 元	599 元	2,500 元
試用天數	30 天	14 天	30 天	30 天	15 天
抽成	–	–	3%〜5.5%	–	1.5%
會員管理	○	○	○	–	○
開放 CSS	○	須加購	–	–	○
SEO 設定	○	○	○	○	○
部落格	○	○	○	–	–
簡訊	○	–	○	–	–
商品件數	無上限	1,000 加購無上限	30,000	500	無上限
倉儲	○	–	–	–	–

🛒 大品牌挑選開店平台最注重什麼？

　　比較開店平台的時候，其實可以參考大品牌挑選開店平台的邏輯，因為大品牌需要溝通跟協調的事情非常多，所以在這類的選擇一定是找那種綜合水準最高的開店平台。而在我們跟許多大品牌溝通的過程中，也發現了他們對於以下這些事情都非常在意。

後勤功能是否齊全？

1. 客服是否提供直通服務

雖然看起來是很基本的事情，但有趣的是，有些開店平台只提供其中的幾項，也不是每一間都有提供真人客服。提供真人服務之所以重要，是因為當你遇到狀況的時候才能及時解決。當你使用外國的開店平台服務時，又會因為時差造成溝通時間拉長。

大品牌最重視的就是「遇到問題，能不能馬上找到人詢問」，尤其當你遇到的是大品牌官網掛掉這種超級嚴重的問題時，光是當機就可以上新聞了。那你跟老闆解釋說，因為平台是美國公司，所以我們沒有辦法直接詢問狀況，剛才已經發信去詢問了。你再猜猜看這個鍋最後會是誰來背？

最好還是找有真人客服的開店平台，如果你真的遇到問題時才能馬上解決。另外有個小提醒，現在很多公司的真人客服都是外包給中國，可能會遇到雙方文化差異的問題，光是讓客服理解你的問題就要花很多時間了，更不用提你能不能聽懂他們的回答。所以大品牌在找開店平台時，有沒有真人客服一定會被他們列為重要的評估標準，他們會首先考量是否有這 3 種服務：**真人客服、後台客服、電子郵件客服**。

2. 系統教學是否完整

對於大品牌來說，系統教學是否完整也是非常重要的事情。原因很簡單，因為通常大品牌每個人要負責的事情都會比較雜，你不太可能有時間一步步教新進同仁如何使用系統後台，很多時候是主管直接丟線上的系統教學文件給你，讀懂了就可以直接上工。如果

這個開店平台的系統教學夠完整，你根本不用特別去問人，很多操作或行銷的問題都可以直接在系統教學裡面獲得解答。

3. 系統平台的整合程度

因為每一間品牌的布局和需求都不一樣，所以很難判斷大品牌對於系統平台的整合程度會如何要求。所以建議你的做法是，直接參考在你這個領域的大品牌都會怎麼布局，然後你再去問這些開店平台的顧問，他們能不能處理這類需求或系統整合，以及是否需要另外花錢，這樣也比較容易讓開店顧問幫你做確認。

4. 開店顧問的專業度

老實說開店顧問素質參差不齊，每個平台都會有很強的開店顧問跟不太行的開店顧問。我們要怎麼判斷這個開店顧問是否能幫上你的忙，教你 2 個很簡單的判斷方法：**開店顧問能否當場解題、開店顧問是否在乎你的需求。**

今天如果你問開店顧問關於系統或行銷的問題，他回答得支支吾吾，那就代表他的經驗不夠或是專業不夠。所以，如果你問問題的時候，發現這個顧問就連很基本的設定問題也回答得很猶豫，或是給一個模稜兩可的答案，我們就會建議你多想一下。因為未來如果合作，你的窗口也會是同個人，他能不能提出實際的解決辦法跟分享相關經驗，也會影響你未來使用這個開店平台是否順利。

而林子大了什麼鳥都有，總是會有些開店顧問只關心你要不要買系統，根本不在乎你的需求。我們曾聽說有客戶在其他平台遇到那種在簽約前都秒回訊息的開店顧問，你會覺得他很熱情，很信任他；但在簽約之後，人馬上銷聲匿跡，電話不接、LINE 也不看。

如果識人不清，就可能會發生這樣的事情。但其實我們可以在接觸前期就發現一點蛛絲馬跡，如果這個開店顧問跟你演示完之後，從不關心你的需求，只會問你要不要考慮這個系統，或是在月底才會打電話跟你說現在系統有做優惠，你要不要考慮。像這種類型的開店顧問十之八九就是那種銷售導向的開店顧問。

因為開店平台很常更新跟推出新功能，所以開店顧問在跟你簽約之後的服務其實也很重要，如果跟你合作的開店顧問比較銷售導向，就會變成你未來遇到問題或不會使用新功能的時候，很高機率找不到人問。

功能更新速度

開店平台會不斷更新系統功能，通常 2 週會有一次功能的小更新跟維護，一季會推出一個新功能。也就是說，當你使用的開店平台系統更新得夠快，即使未來其他開店平台也推出類似功能，但是你提前使用到最新的功能，你就能夠比競品多占到一些優勢。

另外也有一件事情要注意，一般來說，如果是沒有抽成的開店平台，他們的功能更新速度會比較慢，大概是半年才會更新一次。如果你是自架網站，就不用期待功能更新這件事情了。自架網站的系統，只有結案那天是最新版，之後如果要更新系統，就只有花錢開發一途。

資安是否穩固？

資安問題是做品牌電商最害怕遇到的問題，因為如果系統被駭

客入侵，小則斷網，大則直接被盜會員資料。遇到這些事，消費者不會認為是開店平台的問題，他們只會認為是品牌的問題，最後跟消費者賠罪的也會是你。

但是你如果直接問任何一個開店顧問他們的系統安不安全，也不可能會有人跟你說我們系統很爛。此時你可以旁敲側擊，詢問「過去一年斷網幾次」或「像雙 11 這類購物節有沒有當過機」等問題，也可以上網查查有沒有這方面的新聞。

你還可以更深入地問「扣除正常維修時間，斷線時間有多久」，像有些平台就敢直接說「扣除正常維修時間，一年累積斷線時間不會超過 600 秒」，可以說出具體數字，其實就不用太擔心這個平台的穩定性了。

除此之外，還要注意這 2 件事：

1. 網站穩定性能否乘載大流量

什麼是網站穩定性？用最簡單的概念來說，今天如果同時有超過一萬個使用者在瀏覽你的網站，你的網站跑不跑得動？會不會當掉？如果同時有好幾百人想下單，他們下得了單嗎？像這樣的情境，考驗的就是網站的穩定性。

平常大家在買東西，都會選擇品質穩定的品牌商品吧？背後的原因，就是為了預防用了之後出了什麼意外，找開店平台也是一樣的道理，像一般的通路平台在大型的檔期活動，很容易當掉、下不了單、結不了帳，就是因為網站還不夠穩定的原因。

同時，網站的速度也很重要，如果今天你想逛一個網頁，等了30 秒都還打不開，你是不是會開始不耐煩，想說算了？現在消費者的耐心很薄弱，對於進站速度的要求都很高，如果你的網站只能慢

吞吞地跑，基本上就跟消費者說再見了，生意很難大紅大紫。

2. 過去是否發生過資安問題

資安的問題是非常重要的，如果這個品牌發生過資安事件，那消費者對於品牌的信任度就會下滑，而且近乎無法修復，所以如果你不重視資安問題，就是直接拿品牌聲譽去賭博。

當資安出問題時，消費者只會認為品牌有問題，他們不會去管這件事情到底是品牌端的問題，還是合作廠商的問題。而如何評估這間開店平台的資安做得好不好，建議可以先打聽看看這間開店平台過往有沒有資安事件，或者最近還有沒有發生過資安事件，都可以幫助你做出更好的判斷。

資深顧問來回答！

為什麼挑平台要先思考品牌的未來規劃？

—— 林仁傑（Josh），業務副理

　　想在網路做生意、搞電商，無疑是近幾年來大家熱烈討論並踴躍參與的項目。不單是因為新冠肺炎疫情的影響，而是原本有很多店家就想轉型，或上班族希望為自己找到額外的收入。

　　電商其實沒有想像中的複雜，不外乎就是市場定位、商品、平台、導流、金物流、促銷組合等。比起以前，現在網路上的資訊豐富且透明，比較不用擔心踩雷或遇到完全無法解決的困難。

　　找平台就像找伴侶，不可能十全十美。即便找了客製化，相信我，你還是不會滿足。接下來就讓我整理挑選開店平台的重點，幫助大家找到更適合自己的平台吧！

1. 讓你進入電商的成本最小化

　　開店平台的優勢就是能讓各類店家的**開始成本或轉換成本最小化**，是目前品牌想要做電商時的首選做法。

　　CYBERBIZ、SHOPLINE、91APP 等，都是現在知名的開店平台，每個開店平台所主打的強項略有不同，跟大型電商平台比較起來，品牌最看重的是「**會員經營**」跟「**再行銷**」，也就是能不能拿到會員資料。

2. 選擇平台時要看整體性和未來性

如果僅評估費用跟功能，對於開店平台的評估會不夠全面。收費方式反應這間公司的獲利來源，有穩定的來源才能更快開發更多強大的功能，以及串接對於提高營收有用的服務，也才有辦法讓你買的系統都維持足夠的競爭力。

撇除隨時可以被複製或取代的「系統功能」，還要知道這**個平台可以多協助你什麼**，包含門市整合、API（Application Programming Interface，應用程式介面）串接、倉庫出貨、第三方行銷整合等。不能只在意系統功能，也必須**跳脫框架去思考品牌的未來規劃，不僅看當下，更要看未來**。

我推薦你優先找有整合服務的開店平台，如 CYBERBIZ 從官網、門市系統到自有倉庫出貨，可以一次滿足。不管是對於剛踏入電商的新手店家，或有一定規模、有各種通路的大品牌，都能針對線上線下整合、會員同步、統一管理庫存等提供協助。

而我們的官網方案有抽成與不抽成的彈性選擇，加上物流優惠、結帳方便、深度會員管理跟數據分析等，不只前期可以幫助店家省下出貨成本，還可以減少訂單流失率，甚至是幫助店家掌握在各面向的營運概況。

第 4 章

怎麼架品牌官網？

架設品牌官網的關鍵？

架設品牌官網最麻煩的地方其實並不是網站後台的設定，而是要如何串接網站的金流跟物流，前者如果串接上有瑕疵，輕則信用卡刷不過，重則會有資料外洩或盜刷的資安事件發生；而如果是後者，雖然不會有這麼嚴重的狀況，但是可能會造成很多的客訴問題。

品牌對開店平台的基本要求

一個合格的開店平台系統，如果你的商品數在 50 個以內，圖文都準備好的狀況下，在半天內就可以上線並投放廣告，這是你去找網頁公司開發或自架網站都做不到的事情。如果是跟網頁公司合作，整個開發流程跑下來，想在半年內開張根本是難上加難。

做電商要的是訂單，一切以順利成交訂單為前提。做出來的購物網站超級好看，但不能幫你賺錢，特效再多再精美都是假的。

消費者要的其實很簡單，**好逛、好買、好便宜**。他根本不在意你花了多少錢做動畫效果（尤其動畫還會影響網頁的載入速度），他只在乎能不能在這邊買到他想要的商品。所以很多興沖沖跑去找網頁公司開發電商網站的人，就會做出很多無效甚至是會降低轉換率的操作。如前述，很多網頁公司都會想辦法滿足你的需求，系統功能開發越多，報價就可以越高，反正他收到錢就結案了，後面你運作起不起得來，也不關他的事。

但對於開店平台來說，客戶有賺錢才會繼續使用平台的系統，講白了就是平台跟客戶的利益是牽連在一起的，所以平台自然會花

更多的時間，去研究跟開發能幫客戶提高營業額的方法與功能。

金流的設定和串接

「金流」介於商家與消費者之間，處理線上電商交易金流，解決辦法又可分為「銀行」及「第三方金流公司」。無論是實體店面或品牌官網，怎麼跟消費者收錢都是一個麻煩的問題，無論你之前花費多少精力去挑起消費者的購買欲望，在按下結帳鈕的那個瞬間都有可能退縮，而如何最大程度消除消費者結帳的猶豫點，就是「金流」在處理的事情。串接金流，一般有 2 種選擇：

1. 串接銀行金流

串接銀行金流利益的立基點，無疑就是「壓低％數」，然而，刷卡一次付清手續費至少要到 2％才划算，一般商家如果刷卡量不大，根本無法靠低％數省下多少錢！若想串接銀行金流，到底月刷卡量要達到多少才符合成本效益，不會枉費龐大的人力及工程成本呢？

串接銀行金流負擔花費如下（假設非銀行一次刷卡手續費 2.5％，而串接銀行金流刷卡手續費 2％）：

服務年費：12,000 元

串接費用（外包）：10,000 元／次

金流維護（外包）：24,000 元／年

一共 46,000 元

那營業額超過多少才能賺回這些必要費用呢？串接銀行可省刷卡手續費 0.5%（2.5%－2%），計算公式如下：

最低刷卡金額＝刷卡額串接銀行服務費用 46,000 元 ÷ 串接銀行省下的手續費 0.5%＝ 9,200,000 元

如果你刷卡金額沒有超過千萬，串接銀行就是賠錢，不要忘了你的溝通成本也要算進去。當然如果你的交易金額非常高，相較於第三方金流，的確能和銀行談到較低的%數。

TIPS! ▶ 串接銀行金流會遇到的問題

除了月營業額、刷卡金額及%數，想要串接銀行金流還需要準備哪些事情？

1. 跨部門申請，流程繁瑣耗時：銀行每個金流項目都由不同部門負責，不只需要多次申請程序，申請流程走完也需要至少 2 個月的時間。

2. 測試與維護高成本：串接銀行金流時，銀行端會提供 API 文件，你需要請工程師先讀這份 API 文件、設定操作及測試。而且當銀行的系統更新時，API 文件也會修改，但銀行不一定會通知你，變成你需要隨時有工程師待命維護。

3. 每年都需要另外負擔年費與規費：對比第三方金流公司，銀行提供的線上金流費用較高，不同部門收一次年費、維護費及串接費，費用加起來百萬以上，都是有可能的數字。

2. 串接第三方金流

第三方金流服務商，介於電商網站與銀行之間處理線上交易，與第三方金流商合作，品牌商可以省去與銀行各個部門來回的成本。串接快速方便、手續費享有優惠（減輕商家初期月刷卡費用的負擔），銀行金流提供的服務，第三方金流商更是不會少，而且你只需要申辦一次就能開通很多項功能。

台灣常見的第三方金流服務商，包含綠界、藍新、紅陽、歐付寶、支付寶（中國）、GMO（日本）及 PayPal（歐美），如果你是選用開店平台，也要注意他們有支持哪些金流服務，另外也會有一些開店平台提供自家的第三方金流服務，例如 CYBERBIZ 就推出了自己的金流服務 CYBERBIZ Payments，除了手續費更低，也因為是自家的金流，不用擔心任何的串接或溝通問題。

物流的設定和串接

有效解決商家及消費者的物流痛點，就能在電商高度競爭環境中，把握商機獲利！開店平台為了抓緊不同規模商家，串接金流、物流、資訊流，提供到位的服務。但同樣地，當我們站在消費者的角度思考，如果你是消費者，一定希望有越多種出貨方式越好，所以開門見山地說：**超商取貨一定要做，宅配至少要選一間配合**，你給消費者的選擇至少要有這 2 種。

1. 宅配

以前電商物流是沒有超商取貨的，全部都是使用宅配服務，這是電商最傳統的物流方式。台灣的宅配物流服務商大致有這幾家：

黑貓宅急便、新竹物流、宅配通、嘉里大榮物流、郵局。

你可以選擇一到兩家覺得合適、價格也漂亮的物流商配合，最好可以直接串接 API，才能幫你省去未來跟消費者溝通的時間。像現在大部分的電商網站都會把貨態通知直接秀給消費者知道。

2. 超商

這是台灣獨有的物流樣態。台灣人現在十分接受與依賴「超商取貨」這個物流服務。台灣的超商密度非常高，都會區內走幾步路就會看見便利商店，「取貨點」的基礎建設已經在過往超商大戰中默默完成。超商取貨對消費者來說只是分成取貨付款與取貨不付款，但對品牌商來說，又得拆成店到店、超商取貨跟大宗 3 項。

有感受到這件事的麻煩程度了嗎？但消費者就是有這些需求呀，不可能因為讓品牌方便就不開超商取貨。現在台灣超商取貨的使用率是 70%，平均每 10 個人就會有 7 個人使用超商取貨。如果要開超取，那你就會需要利用 API 串接到超商的系統，例如你要讓消費者在全台的 7-11 門市取貨付款，那你就需要知道現在有哪些門市有支援取貨付款、哪些門市支援冷鏈物流等，而這些資料是會變動的，所以我們就要透過 API 串接來實現。

而不同系統之間的串接服務麻煩的地方就在於，今天只要某一方有更新系統，你就可能需要重新串接。你一定曾遇過某個綁定 Google 帳號或臉書帳號的網站突然間無法登入，過幾個小時又好了的情況，這類情況通常都是因為 Google 有做了一些影響 API 串接的更新，導致工程師需要臨時搶修。

🖥 一頁式商店是什麼？

　　一頁式商店又稱作一頁導購、一頁商店，簡單說就是直接把產品介紹跟銷售結合在同一頁裡面，讓消費者在看完介紹之後便很直覺地結帳。而一頁式商店跟一般電商網站不一樣的地方在於，一般電商網站的購物邏輯是讓消費者發散式地閒逛，當消費者看完 A 產品的商品頁後，再利用橫幅圖片，或「別人也逛過」、「您可能也需要」這類相關產品介紹，讓你很順地逛到下一個銷售頁跟下下個銷售頁。

　　這個模式的優點就是可以讓消費者不斷地買買買，但當消費者怎麼逛都湊不到免運門檻，或因臨時有事跳出網站後，就很難把這些人再追回來了。

　　一頁式商店的消費邏輯就不一樣，它的設計邏輯是「商品介紹→對應客群及場景→競業比較表→使用前後對比→消費者見證→購物無風險保證→立即行動」，直接把商品是什麼、用在何時、跟競品的差異、使用效果、購物保證以及購物車都擺在同一個頁面。所以消費者只要點到這個網站滑滑滑，就會直接下單。

　　另一個很厲害的細節是，可以直接在這個頁面結帳，不需要讓消費者還要點擊右上角的購物車結帳。**只要消費者需要操作越多動作（思考越多），就會越容易清醒**，所以一頁式商店直接把結帳頁做在最下面，等消費者回過神的時候已經下單成功了。

一頁式商店的優勢

　　一般電商的轉換率起不來的關鍵原因可能就在購物車上，要怎

麼讓消費者把購物車的商品完成結帳，相信大多數的電商經營者都還在苦思這塊，就算可以利用 LINE 結合官網資訊推廣再行銷的方式，都還是無法免掉「加入購物車」這個動作。

購物一定會產生各種對商品的猶豫，從需求到商品品質、推銷時間等，以往的電商商品資訊頁，都會讓消費者有喘息的時間，因為尚未進入結帳畫面，所以消費者就能思考是不是還需要繼續購買商品。

但一頁式商店的特色就在於能夠以集中火力的行銷方式包裝商品，透過由淺入深的方式介紹商品資訊，將所有關於這支商品的行銷訊息與內容都置於同一個頁面，消費者就不用再搜尋特定商品。一個頁面就能完成商品介紹、選購、結帳。總而言之，一頁式商店有以下 5 個優勢：

1. 透過設計，讓價值感遠高於價格

這是一頁式商店的基本套路。利用大量精美文案鋪墊出商品的價值感，洗腦消費者，讓心中產生商品的價值後，再拋出優惠價格。這樣消費者下訂時比較容易心服口服，內心騙自己花錢買了值得的東西，它有足夠的價值。

其實透過這樣的方式能夠省下你二次行銷的成本，每個月也不用擔心這個月沒業績，更能放心開發其他市場。省下來的成本，就是你的毛利。

像是日本很多電商都滿喜歡用一頁式商店搭配定期回購的方式，尤其是美妝保養品，女人保養皮膚要花上大把時間，好不容易找到一個用習慣的保養品，怎麼可能說改就改？如果讓她們愛上你的牌子，她們就會一直用下去。

2. 套路連續計，讓消費者言聽計從

「商品介紹→對應客群及場景→競業比較表→使用前後對比→消費者見證→購物無風險保證→立即行動」，一頁式商店的這整個套路，讓消費者連查資料都不用查，就能很直覺地購買。

把這套系統玩得最厲害的就是電視購物，只要轉到東森購物的頻道，看個 5 分鐘，你就會覺得不買好像對不起天地良心，當這一套方法直接用在一頁式商店的時候，能不強嗎？

3. 直覺式操作，一鍵直接下訂

由於內容都集中在同一分頁，受眾不需要多做操作即可看到有興趣的內容，除了讓操作更為直覺，一頁式的網站設計也讓分享頁面這件事更為方便。另外，一頁式商店的設計也會讓結帳流程縮短，消費者只需要點擊幾個按鍵就能成功購物，沒有機會將商品放在購物車中猶豫不決。尤其像 CYBERBIZ 有「自動加入購物車」功能，消費者連選擇都不用，直接買單就好。

4. 結帳流程簡化，提高轉換率

轉換率可以說是每個商家都在追求的夢幻指標，當今天有 2 種情況，一種是 100 個消費者瀏覽你的頁面，最後有 5 個下單；另一種是 50 個消費者來瀏覽你的頁面，最後有 10 個下單，你覺得哪一個好？

當然是後者，能收單是最重要的事情。許多客人會因流程設計不良而離開購物，更不用提那些把商品放入購物車而從不結帳的客人。一頁式商店就是將結帳步驟減少到極致的銷售怪物，一頁式商店追求極致的結帳過程。要知道若消費者經歷的頁面越多，他們跳

出去的風險也會增加，多按一次確認可能就會減少你一筆訂單。

5. 網站維護更容易
只有一頁網頁，所以在網站技術的層面上就有維護容易、快速的優點。對於許多商家而言，原先頭痛的網頁維護問題變輕鬆了，還可以利用超強轉換率提升收益，何樂而不為？

一頁式商店的劣勢

一頁式商店雖然有很多優點，但在使用上也會有一些弱點。在考量要不要投入之前當然不能只有看它的好，多加判斷它的缺點會不會對你有致命的影響，也是很重要的。接著，我們就來看一頁式商店的劣勢有哪些。

1. 難以追蹤成效
由於只有單一頁面，所以要做使用者分析有點困難，假設你去看 Google Analytics 後台，會發現唯一能參考的數據就是跳出率高，主要原因在於頁面上並沒有額外的按鍵給消費者操作，受眾通常也不會在網站停留太多時間。因此，你很難去判斷這次的成效不好，是因為哪個文案或照片不夠理想的關係，又該怎麼去優化。

一般的做法是直接做 2 個一模一樣的一頁式商店，然後投臉書廣告，進行 A/B 測試（A/B test），**替換掉其中一個頁面的素材或文案，看哪個一頁式商店的成效好**。

但這個做法一方面燒錢，另一方面費時，如果要確認成效，這個廣告至少要跑一週左右才會比較準確。但一檔活動可能只有一個

月，很可能遇到還沒有優化好，就要跑下一個活動的狀況。

2. SEO 排名不易提升

做一頁式商店就不要想吃搜尋引擎最佳化（SEO）跟自然流量了。因為我們通常在做一頁式商店時，會利用大量的圖片來豐富版面，雖然爬蟲也會爬圖片的替代文字，但是對爬蟲來說，爬一般文字跟標題的加成一定比較高。而且都叫一頁式商店了，內容就只有一頁，那在 SEO 收錄內容的方面一定更弱勢了。

結合上述提到的原因，跳出率較高的單一頁面比較難提升 SEO 的總體排名，再加上爬蟲看的是「網站的內容」，而單一頁面強調精簡的模式，爬蟲也就比較難判斷。

所以，**如果要做一頁式商店，想要有效就一定要買廣告。**由於自然流量在一頁式設計的情況下根本是可遇不可求（自然流量也不是一頁式商店的目的），所以可以說一頁式商店就是做來投廣告的，用廣告帶進流量，進而生出營業額。

3. 不適合長期經營

一頁式商店是炒短線最方便的工具。要知道一頁式商店簡簡單單，製作完商品的行銷文案素材後，拿出去打廣告，廣告審核通過，一個小時內訂單就產生出來。今天做，今天就會有訂單，不像一般電商平台新品上架，打廣告還要到明天才會有訂單，還不一定多。因此，製作一頁式商店來投放廣告，幾乎形成電商的一種獨立流派。

一頁式商店廣告一週燒掉 10 萬，一週營業額進帳 50 萬以上，這樣的事情大有人在，而且多數都是。不需要其他想破頭的行銷，

也不用無止境下殺折扣，一頁式商店憑一個頁面就能馬上跟消費者要錢。一分鐘就跟客人一決勝負，沒在跟你拖拖拉拉。而通常炒短線一週到兩週就差不多了。一頁式商店的好處就在於可以幫助你把庫存太多的商品出清。如果你店裡也有那種商品庫存太多，放著積灰塵，也許你可以考慮一頁式商店，快速炒一波短線。

最後，還是得提醒下一頁式商店的局限性，因為它本身就是靠打廣告、賺流量、收訂單的形式，所以也不會是長期經營的手段。最主要的還是銷售產品，比方說你家新出了一款鍋具，那就下一週廣告費，用一頁式網頁主打你家新出的產品，速戰速決賺越多訂單越好。

商品頁與一頁式商店的設計技巧？

如何設計出能勾起消費者購買慾的商品頁，更是開店平台不斷研究的問題，架站平台在設計網頁時，就是依照「最高轉換率」為目的進行版型設計與開發，因此，時常被人說是「套版」網站。

但老實說，品牌做電商，能不能提高訂單成交率才是你要關心的硬指標。效果好，版面長得醜也不會怎麼樣。架站平台提供的版型設計都是考量過的，提供給客戶的一定是測量過、成交轉換率最高的模板。

你只需要改字、上圖、設定商品就好了，不需要再多費心提高轉換率。因此，不管是設計或專案執行的時間都能大幅縮短，拖最久的往往是商品上架。如果你有幾千項商品要上架，大概安排 1 ～ 2 個月來完成。否則，在系統一開通時，其實就可以上線開賣了。

商品主圖為何重要？

　　商品主圖是吸引消費者是否點擊進來的重要依據。而大多數品牌都只有拿著廠商給的去背圖就直接上架商品，商品主圖也就這樣放上去了。

　　商品主圖的設計感，在多數情況下會直接左右轉換率的高低。就像你去交友網站會先看到一堆大頭貼，有人隨便拍、有人認真拍，通常自然好看的優質大頭貼會吸引更多人點擊，這是很自然的事情。但同樣的道理搬到電商上，又會有一些差異。很常遇到的是，網頁公司或架站平台提供給品牌的是一個很精緻的網站，但因為品牌不熟悉或沒有能力製作主圖，導致商品圖片跟當初請人設計的質感差別非常大。

　　商品圖就是商品圖，有什麼差嗎？差別在於消費者會不會點進來。一個商品主圖必須具有以下特性：

1. **商品列表頁面的主圖一張決勝負。**通常點進商品頁會有好幾張，像蝦皮一樣，但是我們還是默認為一張，因為在商品列表頁面時，只會展示第一張主圖。
2. 商品頁用多張圖片展示商品主要特色，讓消費者決定要不要繼續把你的商品敘述看完。

　　商品主圖為何重要？身為商品主圖，最重要的任務就是吸引消費者點擊進來，也只有點擊進來才有後續詳細介紹的機會。主圖的任務除了吸引點擊，還要做測試，比方說你是賣果乾的品牌，那你的主圖到底是要擺上水果比較吸引點擊，還是擺上你的品牌包裝比

較吸引點擊？

　　這個也不用猜，可以直接做 A/B 測試。一週之內，透過後台數據，你自然知道要使用哪個版本的商品主圖，這是我們在優化商品主圖會做的事情。

　　流量都是花錢買的，但是主圖很爛，成效就直接對半砍。如果你沒有製圖的能力或聘設計的經費，建議至少去找一個外包設計幫你做幾個可以替換的模板，這樣至少能夠讓整體的版面風格不會落差太大。要記得以下 2 點：

1. 好的商品主圖能夠贏得「點擊」。
2. 點擊就是「有效流量」，加入購物車的前兩步。

商品敘述圖如何設計？

　　商品敘述圖指的是進入商品頁之後，一連串的圖片文案。商品敘述圖就像是你全年無休的業務員，它在做的事情是「導購」，促進消費者的購買慾。所以絕對不是照本宣科地把產品包裝上的文字寫進來就好。

　　商品敘述圖是有「導購劇本」的，這是一個洗腦的過程。我們先用商品主圖吸引消費者點進商品頁，再讓他透過閱讀商品敘述圖，來決定要不要買。商品敘述的劇本，就是一整套的「洗腦」與「說服」的教材。

　　除了要做得很好看，消費者想要的資訊、你要溝通的痛點或癢點、法律背書、見證案例等都要掛上去。不要怕敘述圖太長，手機滑很快的，十幾張圖怎麼滑也不過 10 秒鐘。

> **TIPS! ▶ 商品頁常犯的設計錯誤**
>
> 　　電商的商品頁是有設計劇本的。如果你按自己的直覺做，就很容易犯了下列錯誤：
>
> 　　1. 頁面資訊太複雜
>
> 　　2. 相關商品和推薦太多
>
> 　　3. 敘述文字太多
>
> 　　4. 購買流程太複雜

商品頁設計超好用 6 招

1. 試用報告或使用前後對比

　　有官方證明的消費者使用經驗分享，就是商品優質的證明，這對於以品質為核心的商品，例如家電類或護膚品等，具有很強的說服力。

　　使用前後對比，對於以視覺為核心的商品，一直都是簡單又有效的促購方法。例如服裝、居家用品等，放個對比圖就會有很強的刺激作用，進而促成訂單成交。但如果你是賣健康食品、保健品就要小心使用這招，可以去參考競品的商品頁都是怎麼設計繞道的，會對你有很多幫助。

2. 產品保證

　　產品保證就像是貨源承諾、售後承諾、檢查報告等，或是直接告訴消費者「我們已經保了幾千萬的保險，請安心購買」。這些內

容一般都會放在商品頁的最下面。利用第三方的保證，給消費者一種「可以安心買這個產品」的強烈心理暗示作用。

3. KOL 使用推薦

這就很常見了，尤其是美妝、3C 類商品。特別是對於這類產品還不熟悉的消費者，更會願意追隨關鍵意見領袖（Key Opinion Leader, KOL）的專業性推薦。

4. 場景感＋沉浸式體驗

透過大量場景描述營造代入感，購物是一件帶有娛樂休閒性質的活動，打造舒適愉悅的場景，能營造良好的消費體驗。這一點對於女性消費者來說更重要，尤其是在服裝、美妝等商品的展示上。

我們可以透過大量的場景圖片，例如咖啡廳、大自然等來營造這種沉浸式體驗。像是你賣帳篷，就一定要有人們使用這個帳篷露營的照片，再不濟也要找人合成一張綠地的帳篷照片。

5. 多用性、易用性展示

對於實用性商品，可以透過多個使用場景展示其功能，來強化這個商品的使用價值。對於有操作門檻的商品，則可以藉由 GIF 動圖、影片等方式展現完整的操作過程，幫助使用者簡單快速掌握使用步驟，但要記得 GIF 動圖不要太多，因為很吃流量，會延緩圖片的載入速度。

6. 對比購買

利用消費心理中的「損失效應」，透過顯示限時折扣、降價提

醒、組合優惠等資訊，告訴消費者：如果你此刻不買、或是沒購買商品組合，就可能錯過最划算的時機，之後再也沒有這種低價的優惠了。對於消費者來說，如果此時不購買就是損失，在這種心理帶動下，訂單自然就會成交了。

還是無法轉單該怎麼辦？

有時候我們可能會遇到一個問題，你很確定你在設計這個商品頁的時候已經做到盡善盡美，無論是文案的精準度、內容的說服力或畫面設計都達到了業界的頂尖水準，但它的轉單效果還是差強人意。此時你應該思考的不是如何優化這個商品頁，而是重新檢視一遍你的「行銷漏斗」是否有需要調整的地方。

行銷漏斗依客戶的購買階段可以分為「知曉→考慮→購買→留存→擁護」這 5 個階段，每個階段都有不同的判斷指標。因為每個品牌的行銷漏斗都會依自身條件不同而有所差異，我們建議你可以參考菲利浦・科特勒（Philip Kotler）的《行銷 4.0》（*Marketing 4.0*），書中把行銷漏斗的概念講得十分透徹。

加價購與滿額贈，厲害在哪？

如果你常逛網拍或線上購物，一定會看到很多網站在結帳頁時都會跑出滿額贈跟加價購的商品，這些商品可不是隨便擺的，裡面其實有一套完整的銷售設計邏輯。

為何要做滿額贈跟加價購？

對消費者來說，拿到便宜的折扣跟加錢多一件商品是不同的概念。今天你做下殺 7 折的優惠活動，消費者會覺得你只是少賺一點，你還是有賺。而如果你今天做的是「滿額贈」或「加價購」，對消費者的意義就不一樣了，因為在他們的認知裡，贈品的折扣是談出來的，例如你進了一大批產品，一定會拿到更便宜的價格，再利用「滿額贈」或「加價購」回饋給消費者。所以，如果純以心理層面來說，「滿額贈」或「加價購」是更能吸引消費者的行銷模式。

對品牌來說，這樣的做法也更容易跳脫品牌只會打折的刻板印象。如果你的行銷技法總是局限在「滿○件打○折」、「滿○元打○折」這類操作，長期下來，消費者就會有一種這個品牌很常打折的刻板印象，進而認為你未來一定會推出更多折扣。過往有品牌電商只要業績不好，就從 8 折開始優惠，後來一路降到 75 折、7 折、66 折，現在已經降到 64 折了，不往下殺不行，因為如果維持在原本的折扣力度，消費者就是不會買，而一往下喊就會進單。

但是這個做法極其耗損品牌形象跟毛利，尤其當你是跟上游廠商拿貨時，更會引發供應商的不滿，像打折打到 64 折的這個案例，就讓供應商直接放話不出貨，因為這樣其他拿貨的店家都賣不掉，也會影響市場對這系列產品的印象。

所以，絕對不能只有打折這個行銷手段，最好是透過不同的行銷技法的組合與變化，讓消費者破除「這間電商品牌只會打折」的刻板印象。而滿額贈和加價購就是非常好用的促購手段，重點是能拉高客單價，且行銷成本為 0，投資報酬率超高，能獲取高額營業

額。為什麼效果會這麼好，主要是以下這 2 個原因：

1. 快速提高客單價

客單價指的是消費者在你這邊平均結帳都花多少錢。有的品牌電商 700 元、有的品牌電商 1,200 元、更有的商店可以做到客單價超過萬元。數以百計、千計的訂單加總成一家品牌電商的總營業額，也就能得出一個平均的客單價數字。最簡單的算法是「月營收額除以訂單總數」，就能算出平均客單價了。

當我們的客單價一提高，營收自然會提高。例如你是服飾電商，客人通常一次會買 2 件衣服，你就可以推一個活動是「買 3 件衣服，送 1 件百搭內衣」，就可以促使消費者提高購買的數量，進而提升業績。

2. 運費不變，毛利增加

提高客單價的另一個優勢是提高毛利率，做電商最難避開的成本就是運費。台灣電商平均客單價落在 1,000 元左右，而運費落在 100 元上下。

所以我們可以算出運費大概占訂單總額的 10％。那如果你的客單價提高到 1,200 元，在運費不變的情況下，運費只占你訂單總額的 8.3％。

因此，當客單價有效提高的時候，毛利就會自然提高了。尤其是如果你做的是小體積的美妝商品或衣服這類可壓縮體積的產品時，寄送一個商品是一個超商包裹；寄送三個也是一個超商包裹的成本，那當然是**要努力把商品的數量提高**，**讓毛利提高**，這也就是滿額贈跟加價購對你最有利的地方。

什麼是加價購？

加價購的做法是你可以設定「購物滿 1,100 元，可以用 99 元加價購某商品」，這樣對這項商品有興趣或貪小便宜的人就會願意加購這個商品，你的客單價也會自然地提升。

而且對消費者來說，加價購很方便用來湊單。消費者可能要湊免運、要湊滿額贈、要湊滿千折百之類的活動，你就找一些加價購小商品讓他們湊。像販賣蛋糕的電商，要生出加價購小商品並不難，小包裝的餅乾一包 70 元，消費者也不會覺得貴，因為加價購的現場不是在比價，是為了湊單，因此好湊單比較重要。

TIPS! ▶ 電商加價購 3 大原則

1. 限制購物數量上限為一
2. 排列幾十元～幾百元商品，滿足湊免運的需求
3. 依據結帳金額出示不同價位的加價購

什麼是滿額贈？

滿額贈在實體通路和線上購物網站中，對於提高客單價都相當有效，只要消費者訂單金額達到一定門檻，就贈送指定商品。假設消費者原本僅要購買「枕頭」，在結帳頁面看見消費滿額即可獲得「枕套」一件，那可是相當吸引人呀。對於消費者來說，因為這個

商品是送的，他們就不會太計較這項產品的品質和性能。

湊個滿額對消費者來說一點都不難，再多買一些商品來拿贈品只是剛好而已！所以，你要找那種「可以直接算出差多少錢，即享滿額贈服務」的開店平台，讓消費者可以不斷買買買！

TIPS! ▶ 電商滿額贈商品挑選 3 大原則

1.「限量」是魔法，讓人不想錯過
2. 材積小，不影響出貨物流箱
3. 設計「階梯式」滿額贈

電商最強行銷技法：加價購＋滿額贈

「加價購」和「滿額贈」都屬於很基礎的電商功能，一般來說只要後台勾一勾就有了，如果你的電商系統沒有這個功能，那就快跑吧。

會說這 2 種是最強行銷技法的原因就是，我們可以透過合理的設計，不停為消費者創造購買需求，只要我們把「滿額贈」、「加價購」同時放在結帳頁面，就可以產生有效的推拉效果。

當消費者進入結帳頁時，看到自己買了 800 元，然後差 200 元就可以得到某個贈品（滿千贈 A 商品），接著他往下滑就看到加價購的商品，就會很自然地去挑 200 元以上的產品，讓自己同時用到這 2 種優惠。這下消費者的客單價就馬上提高了！

　　還有一個進階的做法是，再辦一個滿 1,500 元贈 B 商品的行銷活動，然後這個 B 商品要特別挑過，要比 A 好上非常多，但是門檻沒有那麼高。例如滿 1,000 元贈送的 A 商品可能只是一塊 50 元的香皂，但是滿 1,500 元贈送的 B 商品是一瓶洗髮乳，此時消費者的想法就會變成「我只要多買 500 元，就可以多拿到一瓶沐浴乳」，他就會想要去湊這個門檻。

　　所以你可以故意在加價購裡安排一個 399 或 459 的高價品，吸引消費者湊單。當然，也要讓對方覺得划算，然後你不會虧，這類做法就要你事前精算過了。

資深顧問來回答！

做品牌官網最常卡關的魔王？

—— 吳瑞琪（Rachael），業務副理

相信正在看這本書的你，應該在煩惱第一步要怎麼開始吧？應該常常聽到身邊很多人都說「做電商，那你一定要做官網」吧？說實話，架設一個品牌官網不難，那為什麼還是有很多人失敗呢？

其實如何經營好一個品牌官網，才是一門大學問，在這條路上一定會遇到各種煩人的問題，到底建立一個品牌官網會遇到什麼問題，讓我們一一條列出來，讓你順順利利開站，不走冤枉路。

1. 網站上美美的商品圖和活動廣告圖要怎麼準備？

很多老闆常常已經想好要賣的商品了，卻不知道下一步要怎麼做。大部分剛創業的品牌，其實沒有太多預算聘請一個專職的設計師，所以現在有越來越多提供商品拍攝、橫幅廣告設計、文案設計的外包廠商。

通常都是按件來計價，對於商品不太需要重新拍攝或大量更新商品活動圖的品牌來說，會是一個很好的選擇。

2. 我的網站設計很漂亮、優惠很多，怎麼都沒人來？

常常遇到客戶問，明明都已經把網站視覺設計得很有特色，或是行銷活動都已經打折打到骨折了，怎麼會一張訂單都沒有，感覺做官網都沒有比通路平台還好？

很大的原因是導流沒有做好，網站做得再精緻、活動再優惠，但是沒有人來逛，就是不會有訂單。一個好的開店平台，應該具備齊全的導流工具，像是現在普遍會使用臉書、Google、LINE 做廣告投放，甚至是與 KOL、網紅、團購主合作，透過分潤機制的方式，互利互惠，同時幫助品牌官網達到更多曝光。

3. 如何提升消費者下單付款的機率呢？

消費者越來越不喜歡出門，大家也都很習慣網路購物或是手機快速下單，也因此現在的線上支付方式也日益多元，像線上刷卡、虛擬 ATM 轉帳、LINE Pay 都是消費者的日常。

同樣地，當品牌有越靈活的付款方式給消費者選擇，越能夠提升消費者真正下單付款的比例。

4. 大爆單！誰幫我出貨？

曾經，有位老闆對我說：「業績不好，店會倒；業績好，人會倒。」聽起來很有趣，仔細想想，也很實在！遇到官網訂單大爆炸，業績超級好也賺飽飽！可是訂單多到出貨人手不夠，就連老闆、員工親自下去幫忙包貨、出貨，還是忙不過來時怎麼辦？

　　大部分老闆可能會選擇自己租倉庫，然後請工讀生來幫忙揀貨、包貨、出貨，但是人員管理以及出貨品質就會是接下來另一個問題。所以現行的許多系統商會配合一些專門做電商倉庫的廠商，自動拋接訂單資訊到電商倉庫端，讓專業的電商倉庫負責出貨相關作業，必須要把團隊中的人才，放在對的位置，做對的事情！

　　其實做電商品牌官網有非常多面向需要思考，有很多眉眉角角需要準備。但俗話說「工欲善其事，必先利其器」，選對你的官網系統、選對工具、用對方法，才能幫助你事半功倍！最重要的是你必須先跨出第一步，才有辦法離成功更近一步。

第 5 章

行銷活動怎麼設計？

 電商網站的行銷該怎麼做？

隨著網際網路的興起，電視、報章雜誌的傳統行銷管道儼然大勢已去，電商行銷迅速攀升為近年來最受歡迎的行銷手法，但要如何做電商行銷卻是許多人共同的疑惑。尤其是現在的電商經營模式已經進入到 OMO（Online-Merge-Offline，虛實融合）時代，無論線上或線下，每一個與消費者接觸的契機，都能構成行銷溝通的機會點。

要釐清的是，並不是傳統行銷管道或模式不管用了，而是在導入 OMO 模式之後，我們將會有更多接觸消費者的管道，也能夠用更低的成本、更好的消費體驗來做電商行銷。如果你想要更深入了解何為 OMO，我們在本書第 12 章有詳細的說明。

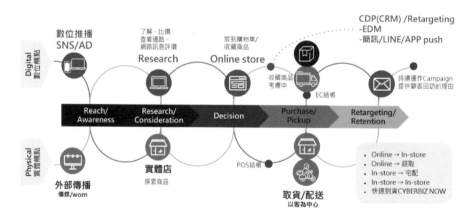

圖 5-1　OMO 模式中的消費者購物旅程

電商行銷是什麼？

電商行銷跟網路行銷的概念其實差別不大，但是做電商行銷會更看重能夠為網站帶來銷售的行銷手法，舉例來說，如果你是一間新開的服飾店，就算你只是透過在路邊發傳單，讓消費者加入網站並且下單，**只要符合「有效、可追蹤」這 2 個要素，也是很棒的電商行銷手段**。也就是說，電商行銷並不會拘泥於手法是網路派還是實體派，只要有效都是好方法。

如何做電商行銷？ 5 步驟快速入門！

對於電商行銷來說，「收單」是最重要的事情。而想要收單絕對不是臉書廣告隨便投一投就可以辦到，需要進行完整的規劃才能夠收割美好成果，可以先把任務按照 5 個步驟進行劃分。

步驟 1：確立明確的目標

首先要弄清楚你這波操作的目的是什麼？不同的目標會讓你有不同的操作手段，像是如果你要先為產品上市做預熱，那找部落客合作和投放曝光廣告就會是很重要的事情；如果你是產品上市後要開始收割成果，跟團媽合作或是找網紅開箱分享就是更重要的事情。

除了知道你的目標是什麼，也必須為自己的目標設立一個判斷標準，而**這個標準必須符合「合理、具體、可計算」的邏輯**。

例如，你現在的電商行銷目標是提升營業額，那「比去年提升 2％營業額」就會比「提升營業額」來得更為具體。同時也要評估

若想達成這個目標，你能夠使用的資源是否充足，例如你想要找百萬訂閱等級的 YouTuber 來拍開箱影片，但是預算只有 1 萬元，我們會建議你就不要花力氣去談合作了，因為對方光是拍片的成本都比你的預算還高。

步驟 2：選定目標受眾並具體描繪

在挑選目標受眾的時候，必須要能清楚描繪受眾的樣貌，建議你在描繪消費者的時候從「消費場景」出發，去思考在怎樣的狀況下，哪些消費者會開始接觸產品，或他們需要產品的關鍵點。

如果你要賣女性飾品，受眾描述是「18 ～ 32 歲的女性」，那如果是 33、34 歲的女性，就會對這個商品完全沒有興趣嗎？所以我們還可以在後面加上「有一定經濟能力，也願意消費的小資女性」，這樣一段對於消費者的形象描述會更具體。

透過這樣的描述，更容易讓我們去想像和思考消費者會在哪邊接觸到這類商品。例如針對前述的受眾，通常跟《小日子》雜誌做異業合作的效果，會比拿去買 PChome 的廣告版位還要更有效。

步驟 3：挑選適合的行銷手法

這步驟是很重要的一環，就像前面提到的電商行銷手法有很多種，包含內容行銷、社群行銷、搜尋引擎優化、廣告投放、業配、找團媽等方式。當然可以都做，但「資源有限，選擇無限」，建議你挑選行銷手法時，除了根據目標受眾，還需要思考品牌目前的經營狀況。

如果你是像可口可樂這種超級大品牌，如何保持聲量是最重要的任務。所以你不會去經營電商，因為你的商品無論是在便利商

店、賣場、量販店或餐廳都有賣。所以你會把資源拿去找明星代言、贊助體育賽事、跟其他品牌聯名等。也就是說，**除了受眾的屬性，你的品牌聲量也會影響電商行銷的布局策略。**

步驟 4：根據總預算調配比例

當你挑選的行銷方法不只一種時，就必須審慎決定每個方法的預算比例，讓行銷預算能夠發揮最大價值。而如果你是電商初營者，建議你可以把「快速收單」做為行銷的第一要務，絕對不要在一開始就想說你要做品牌才能賺大錢，然後把錢拿去拍形象廣告或是找藝人代言，這些請等到你的產品開始有穩定的收益之後再考慮進行，因為無論是代言或形象廣告的費用都不會太低，而我們在前期要思考的是如何拿錢換錢，而不是拿錢換名。

簡單舉個「拿錢換錢」的例子。假設你現在只有 10 萬元行銷預算，我們建議你可以這樣分配：**3 萬元找部落客業配、2 萬元找團媽分潤開團、5 萬元投放臉書廣告。**這個分配邏輯是用 70% 的行銷預算去換訂單，另外的 30% 拿來做口碑行銷。拿預算去換訂單不用多說，就是先確保自己能夠繼續活下去。

那為什麼要找部落客業配呢？這就是眉角了，只要換個角度想一下，如果你是消費者，看到臉書廣告有一個新產品好像很不錯，又或是你加的群組裡有團媽介紹一項你感興趣的新商品，那你的下**一步通常是把商品丟到 Google 搜尋，看有沒有部落客或網友針對這個產品寫開箱文。**

找部落客業配的目的就是讓消費者在搜尋產品時可以找到好的評價，這樣他們就會更願意購買商品。而且你也可以請團媽在分享商品時帶到部落客的開箱文，也能幫他們省去介紹商品的時間。

步驟 5：執行後的成效追蹤與改善調整

這個步驟是關係成敗最重要的一環。我們在執行行銷策略之後，必須不斷確認執行狀況和成效，這樣才能夠知道未來有沒有哪邊需要做出改善。就像前述，你對於不同行銷手段的目標必須要有正確的認知，並且找出可計算的目標，這樣你才曉得這些行銷手段適不適合，又或是你的行銷預算有沒有花在刀口上。

舉例來說，當我們去找部落客合作的時候，他能夠幫你收單就是多賺到的，因為**跟部落客合作的主要效益是在增加曝光及提高品牌的信任度**。所以針對跟部落客的合作，要看的是這次合作的文章帶來多少流量、文章排名在 Google 搜尋結果能不能占據前面版位等。

但如果你是跟團媽合作，他能夠帶來多少訂單就是第一重要的問題，如果合作的團媽帶來的訂單數很少，可能是這個團媽手上的資源不適合你，你就要找其他的合作對象。

🛒 電商行銷的主流做法有哪些？

行銷的目的就是賣商品，無論你是自有品牌或中盤商，在布局上不會有太多落差。當然能做多少還是要看你的資源而定，如果你只有一個人又沒有啟動資金，建議你先做內容行銷。除了寫部落格，任何能夠增加流量的方式都可以嘗試，例如你的產品很適合拍短片介紹，就可以嘗試看看抖音或是 YouTube Shorts。

資源越多，選擇越多。如果你的銀彈充足，行銷通路覆蓋越完整，你的賺錢速度也會越快。而接下來我們在講電商行銷的計畫，

會以開發新客為目標。原因很簡單，想要有錢就要開源節流，若沒有開源，再會節流也沒有用。

會員經營雖然也是電商行銷中很重要的一環，但你就算再怎麼會顧會員，一定還是會流失會員。所以我們建議你**在經營初期先思考怎麼把會員池弄大**，而不是怎麼從會員池裡面洗錢出來。關於如何把會員池弄大，有 5 種常見手法。

投放臉書廣告

投臉書廣告，看起來很樸實無華。花錢在臉書上打廣告，只要你布局得好，就可以讓潛在消費者進到你的網站並下單。這件事到疫後時期也很有效果，就像你只會聽到大家在講臉書的廣告費越來越貴，但你**不會聽到有人說因為臉書的廣告費越來越貴，我不再投臉書廣告**。為什麼？因為它有效，所以大家鼻子捏著也要投廣告。

台灣網路資訊中心的 2020 台灣網路報告中指出，台灣的臉書使用者覆蓋率達到 90％以上。所以你只要會下廣告，一定可以打到有需求的消費者。

至於如何投臉書廣告的問題，建議你可以去上一些相關課程，之後自己操作。因為現在的臉書演算法其實已經很厲害，只要你的設定沒有問題，它會自動運算，幫你找到有需要的消費者。

如果你覺得不安心，我們建議你可以在自己操作的同時，找一個廣告投放的顧問來幫你看，一個月 1 萬元左右就可以找到很專業的顧問。至於有沒有需要專業的廣告投手，就等一個月的營業額超過 300 萬元之後再考慮。

投放 Google 廣告

Google 廣告投放也是一個很常見的廣告策略，一般電商的預算配置會是「臉書：Google ＝ 8：2」。因為 Google 廣告是搜尋廣告，也就是只有消費者搜尋相關字的時候才會跑出這個廣告。

這個邏輯和臉書差很多，臉書的邏輯是不管你需不需要，只要我認為你需要，我就會自動把廣告推送給你，這種是主動推播。但是像 Google 不會有這類預設，只會在你搜尋特定關鍵字的時候，才會跑出廣告，這種是被動推廣。

Google CPC 廣告的好處是以「點擊」收費，如果消費者只看到廣告而沒有點進去，是不會跟廣告主收錢的。當你有一筆錢要投廣告，並設定要在 3 天內投完，臉書一定會幫你把錢投乾淨，甚至會多花錢。所以如果是在做電商布局的初期，我們也很推薦你多下一個 Google 廣告，因為它不會花你太多錢，又可以有很好的宣傳效果。

部落客業配

流程通常是你先去信詢問對方有沒有興趣，然後談好業配的價格，之後寄產品給對方使用，最後對方會幫你寫一封圖文並茂的開箱文。如果你的電商網站有分潤系統，就可以請對方做「優惠導購」或是請他直接開團。

在跟部落客談合作時一定要思考「時間」的問題，因為跟部落客合作和投廣告不一樣，投廣告就是上系統設定，審核過了就會開始曝光產品。但是跟部落客的往返溝通需要時間，他們產出內容也

要時間，也會有上稿排程的問題。另外許多部落客很愛惜羽毛，業配文不是說接就接，可能還會需要半個月到一個月的試用期才能考慮要不要接這個產品的業配。

部落客的業配要幾篇？我們的建議是多多益善。如果可以發100 篇就發 100 篇，能發 1,000 篇就發 1,000 篇。因為部落客業配跟廣告不一樣，廣告你只要一關掉就會沒有流量，但是部落客的文章是只要部落格不要倒掉，就會永遠在那裡，所以只要有人看到，他就能幫你帶來穩定的流量。

而推薦你做部落客業配的另一個原因是「當消費者對某個新商品有興趣的時候，他就會上網 Google 這個產品的開箱文」，當消費者只有找到 2 篇開箱文跟一次就找到 100 篇開箱文，對兩者的信任程度是截然不同的。

內容行銷

內容行銷，又被戲稱窮人的原子彈。因為只要你的方法正確，又能夠堅持長期經營，就很有機會可以獲取免費流量。而 Google 會接受這種做法就是因為這件事情符合它的利益。現在 Google 是靠賣廣告賺錢，賺錢的關鍵就是消費者能夠透過這個搜尋引擎找到需要的內容，當消費者每次都能透過這個平台找到需要的內容，他們自然就會習慣使用這個平台。

因此，Google 就需要有人提供消費者需要的內容，它的做法就是拿流量來換，如果你的內容是消費者需要的，我就讓你的搜尋結果排名在最前面。這樣消費者就有機會點入你的網站，而 Google 也可以適時提供一些廣告給有需求的消費者。

　　做內容行銷會有效的原因是，這是符合 **Google** 跟消費者利益的事情，只要你好好做就一定會有效果。但如果你期望做內容可以幫你帶來流量跟消費者，我們的經驗是至少要認真做半年以上才有機會，如果你覺得無法長期投入時間和精力，建議你可以把時間和預算拿去投廣告。

分潤

　　分潤制度，也就是抽佣金。如果因為你的推薦，有親友或消費者買單，店家會另外回饋你利潤，就是分潤制度。一般會做分潤合作的就是團媽跟部落客，如果你找對合作對象就可以為你帶來大量訂單，但要注意一點，團媽不喜歡賣相同的商品，如果你某個產品已經找某個團媽合作過了，除非是消費者一直要求開團，不然同樣的商品，團媽很少會願意賣兩次。

　　因此，就算你這次跟團媽合作得很愉快，你也不能想說未來只靠這個團媽。如果你的商品同質性很高，他有很大的機率會拒絕你再次合作。所以最好是在找團媽的同時，搭配前述幾個電商行銷的主流做法。

　　另外，無論是在跟團媽或部落客聯絡之前，**建議你先了解一下你現在使用的平台系統是否有支援分潤制度**，還有分潤制度的操作方式也要問清楚。因為有一些開店平台有支援分潤制度，但是只支援設定統一的分潤％數。

　　也就是說，你如果使用這種系統，無論是大小網紅你都只能給同樣的分潤％數，這樣子會很麻煩。像是有實力的大團媽，分潤在20％以下的商品是不會考慮合作的，但如果你只是找粉絲數 10,000

以下的微型網紅，給 5% 分潤就有很多人可以接受了。你可以針對不同的合作對象去談不同的抽成，做客製化的合作，這樣才會符合公司的利益。

最後，不要忘記這 5 大主流做法是可以搭配使用的，並不是你覺得投廣告有效就只投廣告，而是可以搭配內容行銷或是部落客行銷一起使用。當我們有越多種流量來源的時候，你就不用擔心單一平台更改規則後對你的營收是否會造成影響。

🛒 哪些功能沒用到，會讓你少賺錢？

許多人第一次使用開店平台的時候，很容易被五花八門的功能搞得頭昏腦脹。在看過這些功能的介紹之後，你就會知道為什麼現在一堆品牌都會跑來開品牌電商了，因為開店平台能夠提供遠超過通路平台的彈性跟行銷手段。

9 種基本行銷功能

這些是絕大部分開店平台都會提供的行銷功能，這些功能的優點是可以讓你有除了下殺優惠或滿額打折的行銷選項，對消費者來說，如果這個品牌總是在打折，他就會等你打折再買。但當我們每次都用不同的行銷策略來吸引消費者購物的時候，自然能避免產生這類形象，也可以透過一些手法，讓消費者越買越多、越買越開心。

1. 加價購

顧客完成結帳前最後刺激購買的機會，用以提高客單價。

2. 全站優惠

全站都享有的優惠活動，包含：

- 全站（滿額）現折
- 全站（滿額）折扣
- 全站（滿額）贈送優惠券
- 全站消費送紅利

3. 任選折扣

提升消費者下單意願，包含：

- 任選享折數（任選＿＿件＿＿折）
- 任選固定金額（任選＿＿件＿＿元）
- 任選折固定金額（任選＿＿件，折扣＿＿元）
- 任選每件折固定金額（任選＿＿件，每件折扣＿＿元）

4. 任選折扣（指定紅配綠）

指定某區商品達特殊條件後，提供特殊優惠，對於特定商品促購有奇效。

- 各區購買件數達標，享折數
- 各區購買件數達標，享固定金額
- 各區購買件數達標，折固定金額
- 各區購買件數達標，每件折固定金額

5. 紅利購物金活動

藉由紅利回饋提供顧客再次購買的誘因，達到吸引新客下單以及舊客回購的目的。顧客結帳時可以使用紅利點數來折抵訂單金額。

- 商家手動發送（全館／個人）紅利
- 全館發送紅利
- 紅利群組
- 生日禮送紅利
- 註冊禮送紅利

6. 首購禮、會員生日禮、註冊禮

於特殊時刻贈送優惠券，提升消費者下單意願。

7. 免運活動

搭配宅配、超商免運費，或是指定商品免運費的活動，提升消費者下單意願。

8. 滿額贈、滿件贈商品

- 訂單滿額贈
- 指定商品滿額贈
- 指定商品滿件贈

9. 互動遊戲

設定和會員互動的遊戲，例如紅包抽獎、輪盤遊戲等。

第三方行銷合作

這是開店平台提供的第三方串接服務中很重要的一環，因為可以幫助我們布局更多的銷售通路，而且跟上架通路平台有兩點不一樣，第一是你不須額外付出上架費用或是遵守罰則，第二是金流跟物流還是用你的網站，所以你可以拿到消費者的會員資料。

因為這些訂單都是利用網址來做追蹤的，所以你只有第一次消費者付帳的時候，會需要給對方抽成。未來只要你的會員再行銷有做好，讓這些從 LINE 或美安（Market America）來的消費者都直接在你的網站下單，你就不用再分潤給這些網站。

所以，你可以把第一次的抽成視為行銷的推廣費用。反正這是有銷售才有支出，效益一定會比你亂投臉書廣告來得好。

1. LINE 購物

LINE 購物（LINE Shopping）是 LINE 自家的聯盟行銷平台，你可以把商品資料上架到 LINE 購物，如果消費者在這個平台看到你的商品並且點選該商品，LINE 購物會直接把消費者導到你們家的電商網站，而消費者如果完成購買，他的資料也會回拋到 LINE 購物，讓消費者可以獲得 LINE Points 的點數，平台獲得佣金。

雖然是一個很簡單的聯盟行銷方式，但因為使用者眾多，所以特別有效。LINE 目前在台灣的每月活躍用戶數，約有 2,100 萬，也就是台灣 9 成左右的人口都有使用 LINE。而 LINE 購物是有收單才抽佣，只要系統串好，其實就跟一般出貨一樣，也不會帶給同仁困擾。

2. 美安

美安是 1992 年創立的美國多層次直銷公司，銷售主力是日用品、保健品跟保養品等生活消耗品。會推薦美安這個平台，是因為現在除了有很多地方媽媽會兼做美安賺外快，也有很多社區型團媽會直接販售美安的商品。

因為對這些團媽來說，抽成的費用是美安跟他結算，而如果消費者有產品會直接找品牌而不是他們。所以賣美安的產品就是一個很好的選擇。而這件事對品牌端也輕鬆，像我們有一個客戶光是美安來的訂單就占他總營收的 80％ 以上，只要系統串好，你正常出貨，分潤的問題是美安自己搞定，你也不用花時間找團媽。

3. 聯盟行銷平台

像是聯盟網、通路王這類聯盟行銷平台，是一種媒合平台。如果你是廠商，可以直接串資料到聯盟行銷平台，如果有部落客或網紅看到你的產品不錯，他們不用跟你聯絡，就可以直接來推廣你的產品，然後透過聯盟行銷平台得到分銷獎金，非常方便。

跟聯盟行銷平台合作的優點就是，你不需要另外找人推產品，只要有人看到你的產品不錯，就可以自己幫你推薦。而跟聯盟行銷平台合作最麻煩的事其實是系統串接跟上架，如果架站平台沒有串接這類平台，你就需要自己上架商品，再把連結導入自己的網站。

但如果你使用的開店平台系統已經串接好第三方服務，就簡單很多。只要把專屬的 Offer ID 與 Advertiser ID 填入系統，再填好相關資料。順利的話，整個過程可以在 10 分鐘內搞定，之後你所有上架的商品都會定期上架網站，你也省去後面的維護煩惱。

 活動如何搭配商品組合才吸引人？

對消費者來說，優惠永遠都是硬道理。看蝦皮、momo、PChome 這類電商通路平台，每天都在舉辦不同的促銷跟優惠活動，就知道消費者多麼重視「划算」。一般人的印象是線上買一定比較便宜，所以如果你的商品在線上買沒有比較划算，就會削弱消費者的購物動力。

商品組合是一種捆綁銷售

捆綁銷售（bundling sale）就是綁售，或稱捆售、同捆，指 2 種以上的商品合併成一款產品販售。它的核心概念是透過複數商品的銷售組合讓品牌「提高或創造營業額」，具體的做法主要分成以下幾種：

1. 優惠購買，消費者購買 A 產品時，可以用比市場上優惠的價格購買到 B 產品。
2. 統一價出售，產品 A 和產品 B 不單獨標價，按照捆綁後的統一價出售。
3. 同一組合出售，產品 A 和產品 B 放在同一組合出售。

商品組合的優點

商品組合（捆綁銷售）一直以來都是很有用的行銷策略，只要執行得當，至少有 3 種優點。

1. 增加銷售量

這是最直觀的一點。利用優惠的價格吸引購買意願較低的消費者，同時利用捆綁阻止購買單品意願很高的顧客只買單品。

2. 排除潛在競爭者

這是很常被忽略的點，當消費者越常在我們這邊買產品，那他對我們的品牌黏著度就會提高。如果我們透過組合商品，讓他同時拿到 2 樣產品，例如買洗面乳加牙膏有優惠，並且消費者買單。那你今天並不是多賣掉一條牙膏而已，而是促使消費者在某段時間裡只能使用你的產品，所以你是同時排除了某些競爭者，未來消費者在購買牙膏的時候挑選你的機率也會更大。

3. 清庫存

很多有保存期限的產品，會遇到這樣的問題：例如保健品，雖然可以放 3 年，但是對消費者來說，如果保健品的保存期限只剩半年，他們就不太會購買，如果是透過電商網站拿到貨，會有很大的機率退貨。所以你可能在保存期限剩一年半的時候就要為清庫存這件事情做打算了。

這類產品就很適合用加價購推出，如果狠一點還可以直接「購買商品 A ＋ 1 元即得商品 B」這樣操作。因為對消費者來說，他們是用比較便宜的價格取得商品，所以就算保存期限比較短也沒差。除了避免進一步的損失，同時還能提升顧客滿意度，畢竟不管多麼沒人要，「免費贈送」總是讓人高興的。

商品組合的弱點

商品組合具有強制性，因此在選品的環節就需要特別注意，如果產品的搭配上，無論外觀或品質來看都不是很理想（例如 LV 包包＋ Nike 運動鞋），就一定會影響消費者的下單慾望，更可能會影響到品牌印象。

對品牌電商來說，流量並不是無限的，而好的捆綁銷售能有效地提高客單價以及降低成本，但也不要因為這個技巧有效，你就一次弄個 100 種商品組合，反而會讓消費者覺得混亂。

從消費心理的角度來看，捆綁會干擾顧客對商品價格的判斷，刺激消費衝動。但也會影響到消費者對於你的黃金商品的價格判斷。所以這是一個雙面刃，**用得好就會很有效，用不好就會折損品牌形象**。

5 大商品類型

可以透過產品組合，將每個不同特點的產品進行排列組合，發揮各自的優勢，截長補短，形成吸引力，找出吸引顧客、銷量、利潤等因素的平衡點。首先，我們可以把商品分為以下 5 種類型：

1. 引流商品／帶貨商品

引流商品就是消費者無論如何都會買的產品，我們也可以說這類產品的吸引力大，又或是剛性需求的產品，例如日用品、礦泉水等，這類商品無須大力推薦，顧客就會購買。此類商品一般利潤較低，但是銷售量較大。

2. 利潤商品

對品牌來說就是利潤豐厚、可以賺錢的商品。通常這類商品都不會是必需品，相對難賣很多，例如禮盒就是一種高利潤商品。明明裝的內容物都一樣，多一個好看的包裝盒就可以多賣 500 元。

3. 品牌商品

品牌商品的知名度較高，例如講到汽水，大家就會想到可口可樂，講到便利貼就會想到 3M 便利貼等。對消費者來說，這些商品是他們很熟悉的產品，也會因此增加對你的品牌信任度。

4. 策略商品

這類商品就是炮灰，主要是為了打擊競爭對手的商品，一般為價格透明的商品，簡單說就是賣了不會賺，但也不會虧的商品。

5. 替代商品

銷量不高但是具有潛力，能夠拿來測試、值得花時間和精力去推薦的商品。像可口可樂會不定時推出新口味，例如櫻桃口味、橘子口味等，來測試市場反應。

光是商品，我們就能拆成 5 種類型，排列組合下來可以有一百多種排法。我們建議更有效率的做法是多觀察競品網站會怎麼搭配產品，而且產品的組合不是一勞永逸的，今天消費者喜歡 A 組合，明天他可能會喜歡 B 組合，要因應市場的變化而不斷進行調整。

> **TIPS! ▶ 各類商品的黃金比例**
>
> 　　品牌中最好要有將近一半的引流產品,且要有一定比例的利潤產品,還要隨時準備能夠替換的替代產品。一般來說,我們會建議這樣分配你的品牌產品比例:
>
> 　　1. 引流商品／帶貨商品占 40%～ 50%
>
> 　　2. 利潤商品占 20%～ 30%
>
> 　　3. 品牌商品占 5%～ 10%
>
> 　　4. 策略商品占 5%～ 10%
>
> 　　5. 替代商品占 10%～ 20%

商品組合怎麼搭?

　　除了參考競品,我們也建議你參考品牌過去的「商品銷售排名」、「商品瀏覽紀錄」(能看出消費者偏好)、「放入購物車的商品」(找出有潛力的商品),去找出哪些商品更有機會打中消費者。但如果你沒有架設自己的品牌官網,都是用 momo 等通路平台,就只能抓出「商品銷售排名」而已,**會少了很多可以分析的資料**。在組合商品時,有 6 種技巧:

1. 高毛利+低毛利商品

　　基本上是不會錯的組合,好賣的不好賺,好賺的不好賣,又好賺又好賣的就是天選之人。好賣的放著都會賣了,結果你還設定滿件打折,就會越賺越少。

所以我們建議你除了單賣熱銷品，還可以利用「紅配綠」這項行銷功能，讓消費者在購買熱賣商品的時候，順便帶一件高利潤的商品。就算你給消費者比較便宜的價格也沒有問題，因為你有高利潤商品可以幫忙吸收成本。

2. 需求專區

除了折扣，還有很多種組合方式。主動幫消費者湊出「需求專區」搭配折扣，就像有喜歡便宜的消費者，也會有喜歡方便的消費者，而且很多時候消費者在逛品牌官網時，只是一個心血來潮，他沒什麼特別目的，有時就是純粹打發時間。

所以如何設計主題活動來吸引消費者逛就是很重要的事情了。例如服飾品牌官網很適合規劃「踏青約會區」、「面試必勝區」、「韓劇穿搭區」這類的萬年不敗專區，另外也可以搭配時下當紅的戲劇節目推出類似風格，例如「華燈初上風」。

或是甜點蛋糕店的官網可以規劃「朋友慶生區」、「個人獨享多口味區」、「送禮專用區」，都是很好打動消費者的長期活動專區，當然要適時更換產品，不然每次消費者看到東西都一樣，就不會來逛了。

也建議你可以**針對特定節日推出節日限定產品**，像是母親節就推出母親節限定蛋糕，並且**儘量往吸睛的方向去做**。因為消費者其實很少會直接去買節慶蛋糕，但他們會想看各個品牌推出哪些節慶蛋糕，所以透過有足夠話題性的蛋糕去吸引消費者來到網站，只要他最後有下單，就算不是購買節慶蛋糕也沒關係。

3. 替換行銷策略

很多消費者其實只是對折扣敏感,而不是真的要求價格便宜。就像便利商店常用的第 2 件 6 折,聽起來好像比較便宜,但其實折扣下來跟 2 件 8 折是一樣的。

同理,今天當我們在跑折扣的時候,如果你發現上個月的 3 件 79 折跑不動,不一定要馬上往下折,也可以換成 3 件減 500 元,或是換成買三送一之類的活動方式,**透過多方嘗試,找出最適合目標受眾的「黃金銷售活動」。**

4. 限時活動

除了上述的組合策略,我們也建議你可以推出限時優惠,促進消費者的購買慾望,像是 momo 購物就很常舉辦「1 月 1 日到 1 月 9 日,某品牌限時全面 9 折」這類品牌活動。

5. 新品組合

還有一個很常被忽略的「新品組合」。就是我們在做滿額贈或加價購時,可以把新品放到組合裡面。因為消費者會對沒用過的新品猶豫是很正常的事情,但我們今天如果用比較便宜的價格讓消費者順便「試用」,其實也會省去很多行銷推廣的費用。

只要你在文案中有清楚標註這個是「推廣期」的價格,就算未來調回原價,消費者也不會有意見。而且,根據我們的經驗,這種行銷活動的效益都不會太差。

6. 品牌商品+策略商品

大家都習慣買洗衣精,那如果你想要推洗衣凝珠該怎麼辦?最

有效的辦法就是直接在消費者買洗衣精時送洗衣凝珠，或是用很便宜的價格做加價購。如果他們使用的感覺不錯，可能下次就會直接購買洗衣凝珠了，這也是一種很有效的行銷策略，重點是不用花宣傳費用。

資深顧問來回答！

電商行銷不是只有投放廣告？

—— 蕭詠曦（Ariel）、謝宗儒（Allen），客戶經理

談到電商，投放廣告是在短時間內帶來可觀收益的管道，因此執行上不外乎就是看交易成本、ROAS 及 ROI 等數據指標。

對於剛創立的小型電商品牌來說，由於在市場沒有知名度，幾乎不會有自然流量，因此想先存活下來，初期就非常仰賴廣告帶來流量與收益，加速累積自己的忠實顧客，投廣告是小品牌賴以為生的手段。

相對於有一定知名度與資源的品牌要做電商，在已經累積了忠實顧客的情況下，廣告扮演的角色則偏向放大器，將促銷方案、新品資訊或其他品牌訊息短時間內快速傳遞出去，告訴顧客從這邊也能買，藉此擴大收益。

不論是剛成立的公司或已有資源的大品牌，不難發現兩者的廣告都有**加速、短時間、擴大**等特性，但這就像短期特效藥，小品牌用來成長生存，大品牌賴以擴大功效，長期服用並非最佳做法，甚至會影響電商體質。

雖然電商的步調非常快，我們還是需要有穩定成長的規劃，白話就是必須累積品牌資產，問題就從一開始該如何快速賺錢，昇華成**如何被消費者記得、如何提升會員客單價，甚至如何提高市占率**，常見手法如 SEO、EDM 或是社群經營等，其實都在累積品牌資

產，我們在這個過程中去提升顧客終身價值，培養顧客忠誠度，吸引更多新顧客加入。

建議大家在追求短期獲利的同時，也需要在能力範圍內考量長遠的規劃。內容行銷能夠給予顧客更多產品或產業相關的知識，描述使用方法與情境，能夠塑造品牌專業度，也更貼近顧客，同時透過不同管道增加能見度。EDM 則是提高回購與培養忠誠度的管道，定期與既有的顧客溝通，來提高顧客終身價值。與網紅合作、聯盟行銷都是找尋商業上的戰友，創造 1 ＋ 1 ＞ 2 的效果，彼此都能從中獲益。

最後，電商經營這條路很辛苦且節奏飛快，背負業績壓力的同時還需要兼顧品牌成長，不過 CYBERBIZ 會成為各位讀者的好夥伴，有電商相關問題我們都非常願意分享，讓我們在電商這條路上一同前進。

第 6 章

除了投廣告，
還可以怎麼找流量？

 找流量的方法 1：內容行銷是必須的嗎？

「內容行銷」能打破行銷就是花大錢投廣告的印象，雖然成效並不如廣告投放快速，但長期來看，內容行銷的 CP 值還是非常值得期待。我們現在就來聊聊什麼是內容行銷、怎麼執行，以及它適不適合你的品牌。

什麼是內容行銷？

所謂的內容行銷，簡單來說就是利用「優質內容」吸引消費者的網路行銷方式。其中，這些優質內容的核心目的就是解決消費者的問題。

例如你販售的商品是運動器材，客戶最常見的問題就是「運動器材的用法」、「同類運動器材的比較」，如果你能產出相關的優質文章或影片，就有高機率讓顧客主動找上門。當你成功吸引顧客透過各種管道找上你，就離「高轉換率」（即大筆訂單）不遠了。

看到這裡，你應該會好奇內容行銷跟打廣告有什麼不同？

傳統透過 Google 廣告、臉書廣告提升品牌曝光率的行為稱作「推播式行銷」（Outbound Marketing），屬於「主動出擊」，也就是品牌端拚命傳遞訊號，希望讓客人看見自家產品。

內容行銷則比較「被動」，我們不主動打擾客戶，而是做好部落格、影片等優質內容，當客人有需要的時候，就能透過內容找到我們。若是能成功解決他們的難題，就可以製造高轉換率。

為什麼要做內容行銷？

你可能會想，做內容行銷看起來很麻煩，像以前那樣打廣告還不是活得好好的？成效也都不錯，為什麼還要做內容行銷？

首先，要恭喜你的廣告成效不錯，但成效稱得上「不錯」的品牌主可不多。現在有在打廣告的應該都會發現廣告價格越來越高，投資報酬率卻在低谷動彈不得。

若是不想持續在這樣的泥谷裡匍匐前進，內容行銷就是解法。**相比花錢買廣告，內容行銷可以用超低成本達成行銷目標並且創造更高成效，甚至還能提升客戶黏著度！**

如果你已經明白了內容行銷的驚人之處，接下來我們就來深入了解你的品牌適不適合做內容行銷。

如何判斷品牌適不適合做內容行銷？

先說結論，絕大多數品牌都適合做內容行銷，除了以下 2 種類型。

1. 產品沒特色的品牌不適合

若是你賣運動器材，但跟別人家的運動器材基本上沒有任何分別，坦白說就是沒半點自家的特色，要怎麼寫出「同類運動器材的比較」這樣的文章？

創造優質內容，最終是要讓顧客對你的品牌產生好感度，而不是寫一寫，結果讓顧客跑到競爭品牌去消費了。

2. 還沒找到目標客群的品牌不適合

對剛起步的公司來說，要一下子就抓準客戶的主要輪廓是有點難度的。在這個階段我們也不建議馬上就做內容行銷。像是你賣的運動器材主要消費族群是男性或女性、哪個年齡層，這些因素都會影響你推出的內容類型。所以建議這類型的品牌還是先找準消費者輪廓，再進行內容行銷。如此才能更準確地對準消費者的胃口！

除了上述 2 種品牌，**其他都很建議使用內容行銷，在消費者對各式廣告疲乏的情況下，內容行銷將逐漸成為未來主流，讓你能夠**留住客戶再回購，提升收益。

3 步驟有效執行內容行銷

現在人手一機，多數人遇到不確定的事情都會直接打開手機進行搜尋。當你的內容可以解決消費者的問題，就能獲取消費者的信任，進而成功進單。那究竟要怎麼成功做到這點呢？以下提供 3 步驟，帶大家有效執行內容行銷。

1. 透過目標族群設計內容方向

青少年、中壯年、老年人講話的方式會是一樣的嗎？不會。找出目標族群是做行銷至關重要的一步。除了透過公司內部系列調查，你也能藉由詢問自己「產品的目的是什麼」、「產品會被如何形容」等問題，一步步去找出目標族群是誰。

用賣運動器材這個例子來說，假設你發現目標族群是 18 ～ 24 歲的大學生，你就可以去想這群人在買你的產品時會有怎樣的思考過程。例如你想知道大學生對於某一類產品的使用經驗，就可以在

Dcard 爬一下開箱文，重點其實是這些開箱文下面的回覆，這些回覆裡可能就隱藏著大學生在使用產品上的真實需求。

另外，除了主打學生最愛的「高 CP 值」，也可以利用大學生多住學校宿舍或小租屋空間的特性，在內容上強調宿舍、小坪數租屋空間使用。像這樣找出目標族群，內容設計的大方向是不是也就出來了？

也要注意關鍵字的選用，強烈建議**搭配 Google 關鍵字規劃工具、Google 搜尋趨勢（Google Trend）、Ahrefs 與 SimilarWeb 這些關鍵字規劃工具。**不然內容寫得很有趣，卻不符合消費者的搜尋習慣，SEO 排名還是升不上去！

2. 從目標族群和產品特性來選擇類型

而關於內容類型，有部落格文章、YouTube 影片、圖表、電子書這麼多選項，要怎麼找出最合適你的呢？在你從第一步驟找出目標族群之後就可以選定囉！

假設你的目標族群是 18 ～ 24 歲的大學生，這個年齡層的消費者多半更喜歡吸睛的內容，所以文字太多的電子書或是部落格文章不是這麼適合，圖表這麼硬的內容也不會是好選項，那 YouTube 影片是不是很合適呢？

再者，我們前面說到針對這群消費者可以主打便宜實用，以及宿舍、小坪數租屋空間使用等話術，將話術延伸至影片內容，並且搭配上 YouTube 搜尋熱度高的關鍵字「瑜珈」，是不是可以延伸出「10 分鐘瑜珈教學，宿舍也能做的伸展步驟」、「學生族最愛，便宜實用的瑜珈輔助器材」這樣的影片內容？

此外，你也可以考慮針對產品的表現形式來選擇內容的呈現，

就像瑜珈教學以影片來呈現，效果絕對會高於文字。但如果今天是一個高檔的藝術品，以圖配文字來說故事反而更能夠加分。像是這樣，你可以考慮自家產品的特性，再來決定要選擇哪個內容類型。

3. 從數據分析，進行內容再優化

最後一步驟就是當你的內容都發出去後，針對數據進行分析啦！無論數據高低，都可以從中找出能優化的部分。

假設我們前面舉例的「10 分鐘瑜珈教學，宿舍也能做的伸展步驟」影片流量超高，但轉換率卻很低，你是不是可以試著調整 CTA（Call To Action，行動呼籲）？例如加入影片開頭或結尾各 10 秒鐘的訂閱推廣，影片中加入更多外連的推廣 CTA，或是在影片描述處加入連結（例如：如果想要了解更多，請到官方網站觀看更完整的產品內容）。

調整好 CTA 後，你就可以來實驗看看。像是這個月的影片可以都加開頭的訂閱推廣，下個月的影片訂閱推廣則放在結尾，然後去比較看看這 2 個月的成長幅度。另外，也可以長期觀察加入影片描述連結後的效果如何，再做調整。若是流量低、轉換率也低，就可以看看是不是關鍵字設定有誤囉！

透過數據，可以對現有內容進行再優化，同樣也知道未來的內容應該要做出哪些改變。

如何打造優質的內容行銷？

一個優秀的內容行銷手法，應該要具備哪些元素？以下分成 3

點跟大家做說明。

1. 挑選合適的內容行銷類型

內容行銷的類型包含：**部落格文章、社群貼文、影片、數據研究**等，最常見的就是文章、社群經營及影片這 3 種了。所謂挑選合適的內容行銷類型，就是要你依據自己的品牌調性或是內部職務分配去做取捨。

例如你的公司專做食品電商，公司又有影音剪輯人員，那就很適合拍生動的做菜影片來經營，例如主婦家常菜系列。先把一個內容做精，再慢慢擴大，才是穩妥的內容行銷經營模式！

2. 內容要精準打中消費者的心

精準打中消費者的心，關鍵在於：**消費者上網搜尋就是想看到「有用的資訊」，誰能給他有用的資訊，誰就成功了一半**。因此要思考怎樣的內容才是顧客想看、需要的。

如果你經營底片相機的電商，那就可以用 Google 搜尋趨勢等工具去看，當消費者在搜尋底片相機時連帶會搜尋什麼，進而透過你的內容去解決他們的疑惑。

3. 優質內容也要結合 SEO

SEO 跟內容行銷很常被混著用，許多人會忘記這兩者其實有些區別。

用一個簡單的比喻來說明。一份好吃的早餐蛋餅，除了要把蛋餅皮煎得焦香，還要打上完美的半熟蛋，才可以被稱作蛋餅吧！而內容行銷就像是基底（蛋餅皮），有了好的內容後，再優化

SEO 的關鍵字、標題以及 Meta tag（蛋），才可以稱作完美的內容行銷。

執行內容行銷千萬不要犯這些錯！

1. 不要忽略市場風向

有些人聽到內容行銷是要產出優質內容，就開始卯足全力寫文章。但這邊要提醒大家，還是別忘了關注市場風向！

假設你賣無線耳機，平常很認真產文，卻沒有發現消費市場討論度最高的話題是「降噪效果」，在你的文章也都沒有寫到這方面內容，就會十分可惜。

除了要關注產品面的市場風向，也要注意最新的內容類型趨勢，如從部落格文章轉型到 YouTube 影片。或是手機用戶占比上升、回應式網頁設計（Responsive Web Design, RWD）的必要性等，都是需要注意的！

2. 不要完全放棄推播式行銷

這章談論了內容行銷的厲害之處，你或許會想那就乾脆放棄推播式行銷，不要再打廣告啦。這是一件很危險的事情！

內容行銷是一個很有效的辦法沒錯，但要看到成效絕對不是兩三天就可以做到的。若是在內容行銷發揮功效前都不打廣告，很有可能沒人會光顧你的品牌官網，你能承受那個空白期嗎？

最建議的方式還是雙管齊下，待內容行銷發揮成效後，再逐步降低打廣告的比例。

3. 不要自賣自誇

有些人會想說，內容行銷就是要產出內容，那我就一直宣傳自己有多好，多方便。然而，消費者今天搜尋運動器材是想要比價、知道怎麼用，沒有人會想點開一篇自賣自誇的文章。切記，**優質內容是要能夠與消費者有情感連結，並得到消費者信任。**

內容行銷到位的最後一哩路

內容行銷的關鍵在於，你願意站在消費者的角度去思考，提供消費者有用的資訊。所謂的「有用」，可以進一步延伸出非常多面向，**但核心都要跟你的品牌調性相關！**像是紅牛公司（Red Bull）打造運動賽事節目，就是與其核心產品「能量飲料」相扣。

透過內容行銷，你可以用低成本帶進自然流量，而這些好的內容都可以存續很久，當你的內容足夠被需要，那你的品牌能見度就可以一直維持著。最後也建議，你所做的內容儘量不要有時效性，才能以一抵百，長久地存在於搜尋介面的第一頁。

TIPS! ▶ 內容行銷的關鍵

1. 內容與品牌調性相關
2. 內容是消費者需要的資訊
3. 內容是高品質、無時效性的

找流量的方法 2：EDM 行銷還有用嗎？

　　你的信箱裡是否有許多從沒有點開過的信件呢？撇除不想回的公務內容，應該有絕大部分的未讀信件都是來自品牌官網的推播訊息吧？

　　或許你平常根本看都不看一眼，但某天卻被其中一封標題吸引而點開，進而導回他們家官網。這時，這封 EDM 就可以說是成功的！問題來了，為什麼投下海量的訊息，成功率這麼低，品牌官網都還是要持續做這件事呢？

EDM 在紅什麼？

　　據統計資料庫 Statista 統計，**2025 年全球電子郵件的用戶會來到 46 億**，只增不減的電子郵件用戶，也就象徵著 EDM 行銷在未來依然會是全球趨勢。

　　而電商研究機構 DMA research 在 2019 年的資料顯示，EDM 的平均投資報酬率（ROI）高達 42％。相當於每 1 元的投入可以帶回 42 元的營業額，超過了 SEO、內容行銷所帶來的數字。許多行銷人也都公認，EDM 是行銷工具中 ROI 最高的！

　　換個角度，你也可以發現，相較 LINE 和臉書，電子郵件對大家而言反而不是這麼私領域，只要不是瘋狂轟炸式，都比較不會被直接打擾。所以行銷人才會說 EDM 行銷是再行銷的好幫手，適合用來維持與舊客戶間的關係。

如何蒐集 EDM 行銷名單？

近年，無論是 B2B 又或是 B2C 的企業操作 EDM 行銷，都會藉由「提供誘因」的方式，例如折價券、電子書、折扣碼等，進而讓客戶留下電子郵件地址。此外，還可以透過以下 3 種方式蒐集電子郵件名單。

1. 官網會員資訊

以 CYBERBIZ 為例，可以藉由顧客註冊會員時蒐集電子郵件地址，進而當作 EDM 的發送名單。另外，店家也可以考慮做訂閱推薦報的彈出式或蓋板式表單，在訪客進入或離開網站時增加觸及率，讓訪客按下訂閱鈕！

2. 利用社群平台

對於有在經營社群的店家，無論今天是臉書、Instagram 或 YouTube，都可以放上「加入訂閱」表單的連結。平常有追蹤社群的消費者、粉絲訂閱後，又可以進一步搜刮潛在客戶的名單了。

3. 手動填表

業務平常出去跑業務，收到最多的是什麼？一定是一疊又一疊的名單！千萬不要小瞧這些名單，多加善用或許就可以順利幫業務一個忙，拉到大單也不一定。對於這種紙本名單，最簡單粗暴的方式就是手動填表。

一個個手動輸入電子郵件地址雖然累，但將這些重要資訊化為電子資訊真的會方便許多。不過要注意，**填單之前要請業務確認這**

些客戶是否有意願收到電子報，或在電子報中提供他們取消訂閱的
選項。

　　另外，若是你的店家有實體店面，也可以藉由店內的櫃檯或海
報看板，公布訂閱電子報的資訊，例如獨家折扣、週年慶活動、生
日禮等訊息。

EDM 成效不見起色，怎麼辦？

　　先想想看，要是你今天發了好幾封信，成效卻都不太好，此時
你還會繼續操作嗎？當成效不見起色，別一下子就放棄！EDM 行
銷是重質不重量，可以從 3 個地方去做優化，就能為你帶來意想不
到的效果。

1.「有價值、有趣的內容」才是顧客想看的

　　如果今天你收到一封全文都在讚揚自己的品牌多好的信件，會
想打開嗎？應該只會想說這到底關你什麼事吧？**切記，寄出的內容
是要對顧客「有價值的」。**

　　像有些架站平台可以在後台將會員分級，你就可以利用這個
功能，去發送不同的內容、優惠折扣給不同層級的會員。讓你的舊
客戶發現：「哦！你們有在關注我。」進而提高他們對品牌的認同
感，回購的機率便大幅提高。

　　另外，假設你今天在做文創電商，商品有紙膠帶，你在 EDM
中就可以提到「如何用紙膠帶做手帳」、「情人節卡片紙膠帶這樣
用大加分」等內容。**搭配內容行銷，讓客戶覺得這封信件好像很實
用，進而點開，下一步就是提升轉換率。**

2. 在對的時間寄出很重要！

假設你的名單中都是業務居多，大部分公司的業務都會在週一開業務週會，你想想看在那天的開信率會高嗎？不會。

前面提到的 EDM 行銷工具都有後台數據可以看，**你可以透過數據去觀測大多數用戶的開信時間是什麼時候，他們的職業性質又會造成哪些差異？**或者是多看研究報告，藉由研究機構的分析去調整你的寄送時間，看看會有什麼變化。

3. 善用 A/B test

所謂的 A/B 測試就是透過發送 2 種不同的信件內容，將其區分為實驗組和對照組，進而觀察收信者的偏好，你可以試著微調主旨、內容甚至是 CTA 按鈕顏色，看哪一封的開信率比較高。

結果出爐後，你可以選擇往後的信件風格，又或是透過測試對會員名單做分眾，好提供給他們各自有興趣的內容。

🛒 找流量的方法 3：網紅行銷怎麼做？

為了對抗昂貴的數位廣告，電商人都在尋找廣告以外有效的行銷手法。透過網紅推薦產品，跳脫老王賣瓜式的硬銷售廣告，憑藉網紅對自家受眾的了解，更能夠找到合適的切角，自然有效地傳達產品的優點，是當前電商網路行銷的熱門選項之一。

什麼是網紅？

網紅的定義是：**經營內容並有一定數量追蹤者，因此能夠影響特定人群的購買行為者。**

更簡單來說，網紅通常是出於興趣愛好，時常發布各種形式的內容，例如相片、影片或文章，由於內容品質佳而吸引相當人數的追蹤，例如熱愛健身的運動少女、鑽研資安的程式工程師，或是業餘威士忌專家。

至於追蹤者數量應該達到多少才能稱為網紅，很難有一個具體的標準，根據不同領域的目標客群規模，從數千到數百萬都有可能。我們發現，領域越專精，追蹤人數雖然越少，卻因為受眾相對精準，網紅對粉絲的影響力通常也越大。

總的來說，操作網紅行銷的門檻其實比很多人想像中要來得低，事實上，幾乎每個領域都有足夠的內容投入者，即使像是成人影片（Adult Video, AV）也有非常成功的部落格經營者。每次講到這，總會被興奮的客戶抓著衣領問，這些網紅要去哪裡找？

「微網紅、奈米網紅」行銷

新冠肺炎疫情助長了電商浪潮，越來越多業者投入電商市場，也代表現在做電商如果只憑廣告，很難在同業競品中殺出重圍，因此，所有電商業者都在問：有沒有更便宜有效的行銷方式？

根據我們在疫情時期的觀察，操作「微網紅、奈米網紅行銷」是投資報酬率很高的選擇。

所謂的微網紅、奈米網紅，指的通常是追蹤人數較少、知名

度較低的自媒體經營者，相較中大型網紅因粉絲數量多，受眾輪廓相對模糊，微網紅因為深耕特定主題，能夠聚集一群喜好明確的粉絲，並和他們有更深度的連結。

根據統計，擁有 1,000 名粉絲的網紅，比起擁有 10 萬名粉絲的網紅，平均高出 85％的互動，因此我們認為粉絲數在 1,000 到 10 萬之間的小型網紅，是很適合預算少的小品牌合作的對象。整體來說，操作微網紅、奈米網紅有 3 大好處：

1. 信任感高

由於微網紅相較於一般中大型網紅，主題定位都更明確，與粉絲有深度的互動，沒有距離感，因此更容易讓粉絲產生信任感。

2. 風險分散

相比投入大筆預算找大型網紅，微網紅、奈米網紅的價格較低，相同的預算可以找多位微網紅同時曝光，比起將所有預算壓在一組大型網紅，與多位微網紅合作，可以免去預算打水漂的風險。

3. 投資報酬率高

綜合上述，小網紅定位明確、粉絲信任度高，通常能獲得比較高的轉換率，搭配較低的操作預算，讓微網紅、奈米網紅行銷能創造出較高的投資報酬率。小型網紅雖曝光度低，但因信任感高，通常能帶來較好的互動與轉換。

網紅、微網紅要去哪裡找？

依照市場及業態的不同，會有不同的找法，不容易給出一個通用的答案。在一些常見的業態例如服飾或家用品，市場上就存在很多網紅經紀公司，能協助電商人尋找合適的網紅。另一種更直接的方式，是在瀏覽器輸入你的產品類型，在第 1 頁的相關內容裡，可能就有不少可以合作的潛在對象。

怎麼找到合作網紅儘管沒有標準答案，一旦你確認了行銷目標和策略，基本上有很多管道可以搜尋，例如經紀公司、網紅接案社團、PTT 都是可以搜索的管道。

重點是你要去思考你的商品受眾，平常是透過哪些方式來接收新資訊，例如你想要推薦流行服飾，就要去找 Instagram 上會分享穿搭的網紅。但是並不是找越大的越好，大網紅代表他推薦的產品數量也多，他的粉絲也習慣被推薦了。所以你要找到的是，對於你的產品有興趣，且願意積極分享的網紅，大小反而是次要的。

然而網紅行銷真正的關鍵仍在於操作方式，怎樣才能發揮網紅行銷的全部潛力？在談應該做什麼之前，先來談談你不該做什麼。

網紅行銷不該只是買廣告

網紅行銷絕對不是找幾個追蹤數不錯的網紅，給他們費用、讓他們幫你曝光產品、然後說你的產品好棒。這樣的想法不但可能得罪人，更絕對沒辦法達到好的行銷效果。

網紅多是透過長時間認真的內容經營，逐步累積自己的名聲和信譽，進而在某個領域獲得一定的信任感，因此不會為了一點錢就

讓自己辛苦積累的信譽暴露在風險當中。

如果你找到的網紅對產品不過問太多，沒有想深入了解，並承諾給你一切你想要的切入角度，那幾乎可以肯定你找錯人了。 因為不在意自己的宣傳能給粉絲帶來什麼影響的網紅，基本上是因為他的內容對受眾來說毫無影響力。

那成功的網紅行銷應該怎麼做呢？

網紅行銷的策略

在你卯起來找網紅之前，應該要先思考你找這個網紅的目的是什麼，如果你今天賣的是 3C 用品，而你想要找網紅來幫你提高銷售額，結果找了一個專門推薦美妝的網紅，對於這個產品的銷售是很難有幫助的。

但並不是說推薦美妝的網紅就對你沒幫助，假設你想要的是讓更多的人知道這個產品，那找推薦美妝的網紅也可以是一個選擇。也就是說，找網紅這件事不是直接看誰追蹤多或是訂閱數多就找誰，而是要**先考慮在這檔活動中，找網紅的目的是什麼**。

唯有策略聚焦了，你才能找到合適的網紅，幫你接觸到精準的受眾，並且在溝通時正確傳達品牌的需求。

網紅行銷可不是買廣告。最了解自己粉絲的絕對是網紅本人，他們才是最知道怎麼樣的溝通方式是粉絲買單的。找到正確的人，清楚溝通品牌在這波宣傳的策略與目的，然後應該盡可能讓網紅自由發揮，不過多干涉內容，讓他們用自己的方式去和受眾溝通。

而想要做一檔有效的網紅行銷，**最有效的方式就是讓他們真心愛上你的品牌、服務或產品，**所以說穿了，網紅行銷某種程度上就

是「對網紅行銷」，一旦網紅願意買單，那發自內心的喜愛就會在他們的內容中真誠流露。

1. 網紅行銷應該有耐心

不同於直效廣告，不應該期待做了一兩檔網紅行銷，就能幫你拿到源源不絕的訂單。網紅行銷通常會帶來一些直接的轉換，但轉換率絕不該是衡量網紅行銷成敗的唯一指標。

建議品牌將網紅產出的內容當作品牌內容行銷的延伸，就像網紅認真經營內容，過一段時間才累積足夠關注，品牌也不應該急著馬上收割，只要經營的策略與對象正確，時間拉長，成果自然更漂亮。

2. 網紅行銷應該是夥伴關係

綜合以上，成功的網紅行銷就是，在清楚的行銷策略下找到對的人，提供有靈魂的內容，並且持續地做。因此，你和合作網紅的關係，不會只是廣告主和媒體，而更像是商業夥伴的關係。所以比起一次性的稿費支付，建立後續的分潤機制，能讓品牌和網紅的關係變得更緊密且長久。

找流量的方法 4：如何加入聯盟行銷？

許多電商業主都對「行銷資源的分配」感到頭痛，除非是販售單一品項商品的賣家，一般業主在電商平台將所有商品上架完畢以後，接著還要去思考如何分配預算並預估各行銷管道的流量，持續

優化各個行銷接觸點，致力讓行銷效益最大化。

然而電商市場瞬息萬變，如何提高各銷售品項的能見度，讓好賣的商品力道更強，甚至讓比較賣不動的商品，也盡可能獲得更多推廣？

聯盟行銷（Affiliate Marketing）正是一個善用資源的好方法之一，這是一種在國外行之有年的行銷方式，有別於傳統投放高額廣告費的曝光式行銷，或是自動化行銷流程的行銷科技（MarTech），聯盟行銷就像是品牌電商以「具有網路影響力的聯盟者」為支點，在不須砸進大把預算的情況下，仍有機會帶來槓桿放大的銷售成效。

什麼是聯盟行銷？

聯盟行銷就是透過網路，邀請部落客、網紅、KOL 或個人等推廣者成為「盟友」，以推廣者自己的網站或社群平台為通路，為業主銷售商品或宣傳服務，並採取分潤模式，依照實際銷售轉換狀況，支付一定比例的佣金，回饋給這些協助推廣的「盟友」。

聯盟行銷和一般的廣告手法，最大的不同在於，廣告通常是按曝光、點擊、走期計價，ROI 落差可能較大；而聯盟行銷運用的是合作盟友的影響力與流量，通常是看成效計價。聯盟行銷的常見計價方式包含：

1. CPA（Cost per Action）── 按完成行動的數量計價
2. CPL（Cost per Lead）── 按獲取的顧客名單數量計價
3. CPS（Cost per Sale）── 按銷售成果計價

對業主而言，聯盟行銷的最大優點在於，若找到適合的合作盟友，不僅能藉由盟友的影響力，更快速建立起知名度，盟友本身自帶優質流量，其既有受眾和品牌的潛在目標族群，有可能極大重疊，也更有機會帶來高效率的績效轉換。

因此聯盟行銷基本上是一種相對低成本、低風險，且成效可精準量化的行銷模式，值得經營品牌電商的業主長期投資。

做聯盟行銷要注意哪些事？

首先，業主必須很清楚自己的行銷漏斗，盡可能熟悉每個流程中的銷售轉換比例，如此制定出的合作定價，才有機會吸引到有力的合作盟友，成為品牌電商強大的「外部行銷資源」。

另一方面，由於「開發潛在合作盟友」為必要條件，每月或每季計算成效與付款時，也需投入人事成本，因此聯盟行銷需具備一定的規模，可能是有幾位網路領袖等級的關鍵盟友，或是擁有數量較多的一群聯盟夥伴，才能達到良好的收益。

此外，若品牌電商採用自架網站平台，要開發計算成效的追蹤機制，在金流串接等工程上，也需要耗費功夫，具有一定的技術門檻。

目前在台灣，若採用架站平台，則可選擇已串聯許多廠商的大型聯盟行銷平台，像是聯盟網（Affiliates.One）和通路王（iChannels），聯盟網是透過「有參數的網址」來追蹤成效，且推廣類型與計價方式相當多元，申請門檻也低，並有提供教學，容易上手；通路王則是除了網址，也會提供橫幅廣告素材，透過橫幅廣告版位的超連結來追蹤成效。

　　對電商業主而言，與聯盟行銷平台合作，就像採用電商系統商平台一樣，最大好處就是「省時省事省力」，省下大量的開發時間與心力，讓專業的平台夥伴，提供穩定可靠的技術與服務，業主即可專注於營運事務，以及行銷活動的安排，不管手上有多少資源，都能發揮出最大的效益，成功達成業績成長、拓展市場版圖。

如何設計有效的行銷活動？

—— 李泱璇（YS）、費于柔（Caca），客戶經理

提到網購的行銷方案，不免就是免運、滿○折○，結帳再○折這幾招。但我們到底該在哪個活動使用哪種方法，這又是個問題，更進一步來說，好的行銷活動的定義是什麼？

這和你的目的有很大的關係，我建議大家可以根據下列 4 個環節來依序思考要怎麼做行銷活動。

1. 目標設定

設計這個行銷活動最主要的目的，這也會是最終檢核活動成效的指標。行銷活動的類型非常多，除了常見折扣導向的行銷活動，也有提升品牌力的行銷活動。所以在規劃行銷活動前，你必須要想清楚你的目的是什麼？你的對象是誰？你要對你的對象做多久的行銷活動？

例如這次的目的是要吸引新會員註冊並且下單，那我就可以規劃新加入會員即贈購物金，或是搭配免運活動、降低門檻，吸引消費者下單，接著再安排活動的波段，最後再追蹤成效。

2. 活動時程

　　訂出適合品牌商品的活動檔期。做行銷活動要有起承轉合，除了避免消費者對活動麻痺，並且要讓消費者對活動有共鳴，刺激消費。我們可以先從流行時事、電商節慶製造話題。

　　至於活動時間的長短也會因為產業與節日不同而有所調整。例如電商裡最常見的雙 11，至少提早 2 個月就要開始布局醞釀，累計會員數，一個月前做預告活動，雙 11 前後 3 天做衝刺。

　　另外，活動頻率要拿捏得恰到好處，頻率太低會擔心在資訊海中被消費者遺忘；頻率太高也可能對品牌產生負面的影響。

3. 活動內容

　　根據設定的目標進行內容發想，這是吸引消費者下單的關鍵。以常見的折扣導向的行銷活動來說，案型非常多元，常見的案型分類有：會員折扣、滿額折扣、限時折扣、全館折扣、運費折扣，所以我們必須針對你所設定的目標與波段來規劃案型。

　　例如新品上架，建議將案型設定為：新品上架，VIP 限時 9 折優惠。也就是針對特定的老顧客做折扣優惠。

　　基本上，活動內容影響的是轉換率及客單價，大多促銷活動都是為了提升轉換率，可以根據目標客群的需求進行相應的促銷。而提升客單價常見的方式像是滿額／滿件優惠及加價購，讓消費者覺得買越多賺越多的同時，消費金額不斷提高。活動的設計會需要不斷試錯，持續嘗試找出適合品牌目標受眾的活動內容。

4. 曝光

思考可以透過哪些方式進行活動曝光、獲得流量。當我們規劃了完整的行銷活動後,我們要把對的活動給對的人看。你的目標、波段、案型會決定你要曝光在哪個位置,以及決定要把資源放在哪裡。

從官網版位、站外廣告投放、社群、EDM、簡訊,首先必須盤點擁有的各種資源,再根據此次活動的目標受眾選擇適合的工具和管道進行曝光。再根據不同的曝光導流版位及規範,去設計適合的素材。

例如我想針對一年內購買金額超過一萬的會員,給他們特別的折價券,那就可以篩選出這些對象進行 EDM、簡訊的行銷;或是我想對看過商品或加入購物車的消費者投放數位廣告,這些都是很常見的曝光手法。

第 7 章

成長趨緩時，
如何提高營業額？

當電商事業成長趨緩的時候，建議你可以檢視一下在目前的行銷策略中，分潤制度、訂閱功能和第三方串接服務是否都有妥善運用，這些都是能夠讓你營業額暴漲的強大行銷功能。

為何做電商要懂分潤制度？

只要是因為你的推薦，有親友或消費者買單，店家會另外回饋你金錢，就是分潤制度，也就是「只要推薦者成功帶來一筆訂單，就能獲得此訂單特定比例的金額做為分潤獎金」。

現在很多電商品牌跟 KOL、部落客或 YouTuber 合作都會採用這種方式。無論是臉書、Instagram 或 YouTube，都有機會看到影片或貼文裡提到與某廠商合作，如果消費者購買商品時使用 KOL 提供的優惠碼，就可以再打折。

分潤制度的優點

1. 行銷費用便宜

分潤制度的一大優點就是便宜，這個便宜指的是「用得恰當，你的獲客成本會比廣告投放的費用還便宜」，不代表你只要付出很少的錢就能得到成效。

一般我們在做廣告投放時，預算至少要抓訂單金額的 30％以上，而且這個數字的前提是你的電商體質夠好。

因為在行銷裡面有一個「七次法則」（Rule Of Seven）*，如果你想要讓一個人從潛在顧客轉變為消費者，品牌必須跟這位潛在顧客有 7 次的「接觸」。也就是說，**當你接觸消費者 7 次的時候，他的消費意願是最高的**。所以只投一次廣告就想要轉單是很困難的事情，這也是很多對廣告投放沒經驗的人會有的錯誤想法。基本上廣告投放要有效果，至少要做到下面這 3 點：

(1) 持續針對特定受眾投放
(2) 隨時觀察數據跟調整素材
(3) 要給廣告後台調整的時間

通常調整一個素材之後，要等 3 天到一個禮拜，比較能夠看出這次調整的成效如何。廣告投放想要有好效果，是需要調整和優化時間的，而這段時間裡你的廣告費會不斷燒下去。但這裡就藏有一個重點：你能接受廣告費空燒多久？

以臉書廣告投放來說，如果你一天的投放金額少於 1,000 元，那很可能是投辛酸的。因為數據會累積得很慢，演算法要幫你優化廣告，必須要有足夠的數據，例如臉書廣告的機器學習標準是在 7 天內累積 50 個成果。

如果我們一天投 1,000 元，一個月也是要花掉 3 萬元的廣告

---

* 七次法則指的是一個消費者連續 7 次看到你的宣傳訊息後，才會對你產生足夠信任，也願意購買商品。我們可以透過 OMO 多點布局與接觸的策略，更快達到這個數字。例如同時投放廣告、實體門市溝通、定期發 EDM、加入 LINE 會員之後舉辦各種行銷活動等，只要你選擇的開店平台能夠與各種系統做好會員資料的串接，就能讓新會員到處都接觸到你。

費，還不一定會有效益，這也就代表你要持續投放廣告才會打動消費者。

而這也是我們說分潤制度的行銷成本便宜的原因，因為分潤制度可以幫你**省去前面測試廣告的麻煩，並且幫你快速累積會員**。

「快速累積會員」非常重要，我們用開店平台來做生意，最重要的目的就是累積會員，並且節省行銷費用。而你只要找到對的合作對象，就可以快速進單。

2. 利益捆綁

大家出來工作都是為了賺錢，不是來談感情的，所以用利益捆綁你的合作對象的效果，絕對會比你平常應酬來得實際很多。

同樣地，當我們今天要找合作對象的時候，能夠達成你賺錢他也賺錢，雙方的目標才會一致。

像以前電商系統還不夠完整的時候，我們一般找部落客或網紅合作，就是直接談好這次的案子費用多少，然後要做出怎麼樣的成品，像是發幾篇貼文、一篇貼文裡要有多少文字或圖片，或是要拍一支多長的影片等。對於部落客或網紅來說，就是一個固定費用的案子，只要在時間內產出約定好的內容就可以結案，對於他們來說沒有把這件事做到最好的誘因。

但如果今天除了一次合作的費用，透過他們的管道銷售出去的訂單，還可以抽到幾成的費用，對部落客或網紅的驅動力就完全不一樣了。如果文章寫得好，帶來了訂單還可以另外抽成，這樣驅動他們的就不只有責任感，而是**責任感＋收益**。部落客或網紅就會更認真看待這件事，因為不會有人跟鈔票過不去的。

不過有個做法不太建議，就是給對方比較高的抽成，但不支付

行銷費用。因為大部分的部落客、網紅或 YouTuber 的收入來源都是業配的費用，對他們來說抽成只是添頭。有得抽很好，沒得抽也不會怎樣，抽成最主要是提升對方的積極性，所以不需要給太高的比例。

要給高抽成的對象通常是團媽，團媽是依靠抽成獲利的。當我們跟團媽合作時，給到 10％～ 30％的比例都有可能，這部分就看團媽怎麼跟你談。雖然抽成高，但他們的銷貨能力是很強的。

就像第 1 章提到手邊有 4 萬個好友的團媽，代表他手上至少有 4 萬個家庭可以銷售商品。

最好的行銷思維：我全都要

前面分享了分潤制度的優點，並且提到了針對不同的合作對象會有不同的合作模式。像部落客、網紅或 YouTuber 是業配費用高＋低抽成，團媽是無業配費用（只有某些大團媽會收廣告費）＋高抽成。那麼想找合作對象的時候，應該找哪一類來合作呢？

對於這個問題，要先建立布局思維，我們建議「都要找」，但如果你資源有限，就先找團媽合作。

當你把商品放在網路上賣，消費者能夠搜尋到商品評價是一件很重要的事，而能夠做到這件事的只有內容創作者。想像一下，當你在臉書或 Instagram 看到某個商品很不錯時，你是不是會習慣去搜尋這個商品的評價如何？又或是你想要買某件產品（例如吹風機），你通常會上網搜尋「吹風機／推薦」，再爬文看大家的開箱影片。

所以，讓消費者能夠在搜尋商品時，找到對你有利的推薦資訊

就非常重要，這也是推薦你跟內容創作者合作的原因。這些內容創作者的推薦主要是幫你的品牌印象加分，而非產品銷售。

想要「帶貨」，還是需要團媽的幫忙。但是團媽的溝通工具大部分是 LINE 群組，進階一點的可能會使用臉書社團。這 2 類溝通工具都屬於非公開，所以你找團媽合作這一檔活動之後，就不會有新進單，網路上也查不到你們的合作紀錄。也就是說，**團媽的合作比較像是一場及時雨，能夠幫你瞬間補滿業績，但雨過天晴之後就什麼也不剩了。**

團媽的帶單是即時性的，內容創作者的帶單是更長久的。我們會建議你**在資源不足時先找團媽合作**，先讓自己出貨賺錢，並且累積會員資料，這樣你之後想要做會員再行銷的時候，至少能有會員可以發。

分潤制的幾種玩法

1. 結帳分潤

分潤制除了給合作對象，還有非常多種進階玩法。結帳分潤是一般零售門市最普遍使用的分潤機制，結帳者可以獲得他結帳的每一筆訂單特定比例的金額做為業績獎金。

有了結帳分潤功能，可以讓店長在計算店員的業績獎金時更容易。CYBERBIZ 的分潤機制除了可以設定固定比例，還可以按照生效日期與截止日期，方便在特殊檔期採用不同的比例。例如在聖誕節檔期，店長可以調高分潤比例，激勵店員衝高營收。

使用情境：總公司設定每一筆訂單分 5％給店員。店員為 3 位

顧客結了 3 筆訂單，分別為 1,000 元、2,000 元、3,000 元，業績獎金則為 50 元、100 元、150 元。

2. 註冊分潤

註冊分潤最主要的目標是促進「線上購物官網」與「線下實體門市」的整合，從根本解決線下會員及交易資料無法數據化的問題。

因為人都有惰性，要改變習慣需要一定的拉力，對已經習慣到門市購物的消費者來說，沒有註冊網站會員的必要，因此需要門市人員去「拉」他，告知消費者加入會員的好處，例如能夠即時獲得優惠資訊，或是累積紅利等。但對門市人員來說，讓熟客註冊官網會員，會有隱憂：「如果之後他都在官網買，不來門市買，那我的業績怎麼辦？」

這時候，註冊分潤就能發揮功效。要順利推動線上與線下的整合，總公司應該釋放出正確的訊息，讓店員知道「幫消費者註冊官網帳號，對自己是百利而無一害，今天我不幫消費者在自家官網註冊，別的品牌也有可能會來搶線上大餅，倒不如趕快把自己品牌的業績最大化」。

因此註冊分潤應運而生，簡單來說就是在消費者的身上標註一位「註冊者」，消費者在哪裡消費，都會分潤給註冊者。如此一來，可以大幅提升店員協助消費者註冊的動力，總公司也可以更好地掌握消費者的整體輪廓，做出更完整的再行銷策略。

使用情境：A 店員協助 B 顧客註冊官網帳號，系統會在 B 顧客身上記錄 A 店員是他的註冊者，往後 B 顧客無論是在官網還是其他門市消費，A 店員都可以獲得分潤。

3. 推薦分潤

推薦分潤是目前最多電商使用的功能，推薦者可以獲得他帶來的每一筆訂單特定比例的金額做為分潤獎金。

一般的推薦分潤又可分為 3 種，分別是「員工推薦」、「顧客推薦」以及「第三方推薦」，都可以分別設定線上消費與線下消費的比例。

推薦者在宣傳時提供自己專屬的連結或推薦碼給消費者，後續若消費者透過連結下單，或是在結帳時填入了推薦碼，推薦者就能獲得分潤。

為了鼓勵消費者結帳時填寫推薦碼，以方便總公司統計不同人員的帶單效果，也可以設定讓有填寫推薦碼的消費者獲取額外折價券或紅利金，同時也有促進消費者未來再次下單的功效。

使用情境：總公司可為員工、顧客、第三方夥伴，分別設定不同的分潤方案，如表 7-1。

表 7-1　推薦分潤的 3 種情境說明

情境	說明
員工分潤	設定員工每帶一筆線上訂單可分 10%。消費者在線上結帳時填了 A 店員的推薦碼，並結了一筆 1,000 元的訂單，A 店員即可獲得 100 元的分潤。直接提高店員推銷的動機。
顧客分潤	設定顧客每帶一筆線上訂單可分 2%。顧客 A 買過商品後覺得產品很好，於是廣發自己的推薦連結給朋友，結果朋友真的透過該連結下了一筆 1,000 元的訂單，顧客 A 即可獲得 20 元的分潤。如此可以進行口碑行銷。

第三方分潤	提供帶有不同參數的連結給部落客或 YouTuber，只要有消費者透過連結下單，系統即會記錄是哪一個合作夥伴帶來的訂單，例如消費者 A 透過部落客 B 的連結進入網站，並購買了 1,000 元的商品，部落客 B 即可獲得 100 元的分潤。總公司只要一鍵下載報表，就能立即開始進行拆帳事宜，更能清楚看出哪一個合作夥伴帶單的效果最好。

掌握訂閱制，業績就能自然飛漲？

訂閱制的存在對大眾來說並不陌生，訂一年份的報紙、牛奶就是訂閱制。隨著數位浪潮，訂閱這種傳統服務已在網路創造新風潮，YouTube、Amazon、Netflix、Spotify……各種訂閱服務五花八門，連便利商店也在推行咖啡訂閱制服務。

除了娛樂產業的訂閱制服務商，甚至連媒體產業也開始轉型，紐約時報（*The New York Times*）、聯合報、天下等媒體，利用訂閱經濟增加現金流，以提供閱聽者更多元、深入的專題報導。

如果你的商品有重複購買的潛力，或是具備服務導向，那千萬不能放掉訂閱商機！想像一下，如果你有 100 個會員，每個月定期扣款 1,000 元購買某項產品，那一年就是 100 筆訂單 ×12 個月 ×1,000 元＝ 1,200,000 元，天呀！你什麼都不用做，每年的業績就是從 120 萬起跳，當會員經營得好，這個數字只會不斷增加。

透過建立完善的會員制度並取得消費者信任時，就可以開始做訂閱制服務了。這件事的眉角在於**要給消費者彈性的選擇**，因為不同的產品，可能會有不同的消費週期。

訂閱制如何有效提高電商業績？

訂閱制的市場占比逐年增加，大家越來越習慣訂閱，因為人的專注力有限，一旦開始了就會慢慢養成習慣，每個月定時收到商品，幾個月後突然沒收到，會感到不習慣，而這股慣性正是品牌的著力點！

1. 訂單數持續增加，現金源源不絕

業績＝客單價 × 轉換率 × 流量（訂單數）。定期訂閱，就是幫品牌每個月創造穩定訂單數，訂單數量增加，業績自然跟著成長，而且是級數成長！

如果訂閱制第 1 個月能為你帶來 5 萬的訂單，一整年的訂閱方案，你預估會有多少的營業額？ 60 萬嗎？那你想得可能太少了！

第 1 個月：5 萬
第 2 個月：5 萬新單＋上個月 5 萬的定期單
第 3 個月：5 萬新單＋第 1 個月的 5 萬定期單＋第 2 個月的 5 萬定期單……

看出來了嗎，到了第 12 個月，要出貨 12 組 5 萬的訂單！把第 1 個月到第 12 個月的營業額加總起來，總共會有 390 萬！就如同滾雪球，小雪球會越滾越巨大，這下你知道為什麼各領域都搶著投入訂閱制的產品吧？

2. 增加互動次數，讓粉絲記得你

訂閱制的另一個好處，是創造固定與顧客互動的機會，讓你的顧客想忘記你都難，利用方便性幫顧客養成購買你家產品的習慣，只要幾個週期，他就很難離開你。

這群忠實的顧客，是做網路生意最大的金脈，他們能給你最立即的回饋，新品體驗、活動舉辦、口碑推廣，這群粉絲都會是品牌最大助力！

TIPS! ▶ 如何預估訂閱商機？

好奇你的訂閱商機嗎？可以用基礎的等差級數和來估算哦！

（首月營業額＋末月營業額）× 月數 ÷2 ＝業績總和

哪種商品適合做訂閱制？

在訂閱服務五花八門的現今，消費者已經習慣定期花錢購買商品或服務，慢慢進入「萬物皆可訂」的時代！你的商品只要有顧客願意重複購買，那麼該品項就可以嘗試規劃成訂閱商品。

● 最常見的訂閱大戶：食品產業

每個家庭都有固定在吃的品牌，吃完了就補貨，以往會到家樂福、全聯等大型通路定期購買，有了訂閱制，半個月或一個月時間一到，好吃的食物自動寄到家裡，省得去現場人擠人。

- ### • 下一波訂閱趨勢：衛浴用品

每天固定要洗臉、洗頭、洗身體、刷牙，會用到的品項包括洗髮精、潤髮乳、沐浴乳、香皂、牙膏等，採取訂閱制，也省下了顧客線下購買的時間。

- ### • 快速消費品牌：化妝品產業

當然也不能錯過，防晒乳、卸妝乳等是每天的標準配備，無論男女老少都需要使用，更不用說許多人每天需要帶妝，化妝水、乳液甚至是面膜都得定期使用，利用訂閱制打造量大永續的優惠方案，品牌和顧客雙雙得利。

訂閱制，讓你的粉絲更愛你

訂閱制除了穩定現金流，更重要的價值在於和顧客有了固定的互動機會，能增加忠誠度並建立長久連結。這群顧客對品牌來說，具有相當高的顧客終身價值，因此除了吸引顧客投入訂閱方案，品牌應該也要秉持著互利的態度，給予這群客人更多的優惠與服務。

利用行銷模組，你能變出超多種搭配，例如：

1. 半年方案打 8 折，整年度方案打 7 折
2. 定期定額方案贈送獨家好禮
3. 每個季度推出不同的商品訂閱組合
4. 訂閱制會員下標籤，發放專屬優惠券

再搭配會員紅利、訂閱會員的獨家活動等，產生更緊密的互

動，讓顧客感受到品牌的誠意，那麼你也有機會打造品牌的雪球商品，滾出巨大的訂閱商機！

🖥 第三方串接也能提高營業額？

這項功能乍看之下跟營業額沒關係，但如果開店平台特別提供了這些串接服務，就代表這些功能對大部分品牌商都有用，不然開店平台不會特別花時間開發。

例如串接臉書跟 Google 帳號登入會員這項服務，並不會實質增加你的營業額，但是當你讓消費者省去註冊帳號跟記憶密碼等環節時，自然就會增加你網站的註冊率跟註冊數，也會間接地提升你的營業額。

以下列出了幾個很常用的第三方串接服務，我們也建議你檢視這幾個第三方串接功能是否都有使用到，只要你給消費者越多方便，你的營業額自然會越來越高。

開店平台該提供的基本串接功能

這些功能是現在做電商一定會用到的功能，你當然也可以沒有這些功能，但就會變得霧裡看花，不曉得消費者從哪來、他們喜歡什麼樣的產品，你也不會知道到底哪一個行銷活動有效，也更難判斷該加碼還是減碼。

1. 社群會員登入與註冊

現在大部分的電商網站都會提供用社群帳號註冊登入的方式，一方面是因為現在太多網站需要註冊會員了，很多消費者根本就不會記得自己註冊了什麼帳號和密碼，所以如果你能提供用社群帳號直接註冊，就能有效提高消費者的註冊意願。

另一個原因是能夠有效避免消費者的帳密被盜的風險，一般來說最常見的是提供「LINE 會員登入」和「臉書會員登入」這 2 種登入服務。

2. 成效追蹤與投放

投廣告時能夠追蹤成效，才能知道哪個廣告的效果好，也才知道如何判斷加減碼。因為我們不太可能一次只跑一個廣告，臉書廣告有時會跑個五六支，Google 廣告也會不斷地開開關關。如果你沒有埋追蹤碼，就很難知道到底是哪支廣告為你帶來了最高的轉換效果，也很難判斷應該要停掉哪支廣告。通常有 3 種「第三方追蹤插件」可以綁：

(1) **臉書廣告追蹤像素**：當用戶在你的網站進行加入購物車或下單等動作，都會被像素記錄。未來你除了可以透過事件管理工具中的臉書像素頁面查看用戶的動態，還可以另外透過臉書廣告再次接觸這些用戶。

(2) **Google Analytics（GA）**：由 Google 提供的數據分析工具，也是目前全世界最普及的數據分析工具。一般來說，只要是做電商的人，一定都要知道怎麼看 GA 報表，現在絕大部分的消費者都在使用 Google 搜尋引擎，所以這個報表的

準確率非常高。GA 的一大優勢就是基本版完全免費，官方
也有自己的線上教學跟測驗。

(3) **Google Tag Manager（GTM）**：這是一款強大的免費代碼
管理工具，優點是囊括了很多第三方應用程式或追蹤程式
碼串接，你可以把這些都直接上傳到 GTM，並透過 GTM
安裝到網站中。這對於不會寫程式代碼的行銷人來說非常
重要，因為你不需要另外拜託工程師幫你安插代碼。最主
要是管理方便，能降低人為操作失誤，還能直接看到所有
代碼的運行狀態。

3. Google 跟臉書提供的服務

以下都是 Google 跟臉書有提供的服務，效果如何或好不好
用，不同產業跟品牌會有所差異：

(1) **串接 Google 購物廣告產品目錄**：優點是會直接出現在
Google 的搜尋頁面，消費者不用另外點到網站裡就可以看
到這個商品。因為廣告內容是抓取 Google Merchant Center
的產品目錄，所以你只要先上好產品目錄，就可以直接投
購物廣告。

(2) **串接 Google Merchant Center**：這就是產品目錄，你可
以透過定期優化商品資訊內容，讓你的產品更容易被消費
者搜尋到。我們的做法通常會先把商家的資訊跟產品資料
（例如商品名稱、圖片、價格、簡介等）先上傳到 Google
Merchant Center，再開始投放購物廣告。

(3) **串接 Google Ads**：過往的 Google Ads 是拿來投首頁的關鍵

字廣告,但現在它合併了像 YouTube、Google Map、Gmail 和 Google Play 等平台,讓你的廣告可以投到更多介面,也有更多的投放類型選擇(例如文字、照片、影片等)。如果善加利用,就能夠找到更多潛在客戶。

(4) **串接臉書動態產品目錄**:你是否曾經逛了某個網站的特定商品,之後馬上被該品牌同樣的商品打廣告?由於已經瀏覽過商品內容,甚至加入過購物車,對商品有認知,對於消費者來說吸引力較高,此時透過再行銷廣告,就能引發提醒購買或喚起興趣的作用,大幅提高廣告點擊與訂單轉換率。要做到有效的再行銷,我們可以為網站上每一項產品都建立一組再行銷廣告,然而如果你網站上的商品數量眾多,可能會花很多時間。使用「臉書動態產品廣告」,就可以一次上傳產品目錄,並自動向有和特定商品互動過的消費者投放廣告。動態廣告可以達到 2 種效果,一是個人化行銷,精準的再行銷可以縮短消費者購物流程,拉高成交機率;二是自動化,你無須再為每一種產品分別建立廣告,還可以透過網站定期自動更新臉書目錄內容。

進階串接功能

接下來這些第三方串接功能,並不是每個開店平台都會提供的,但這些功能又屬於品牌商認為很好用的功能,所以才會把它們列為進階串接功能。

1. LINE 官方帳號

LINE 官方帳號（LINE OA）是 LINE 推出的社群功能，功能是可以讓有使用 LINE 的消費者直接加入品牌的帳號，你也可以針對這些消費者推送活動。

它跟臉書不一樣的地方在於，臉書無論是粉絲專頁或廣告投放都是用廣撒的方式，你無法確保貼文或廣告活動給指定的人看到。

而 LINE 官方帳號可以**很精準地指定你要投放的受眾年齡、性別等**，也可以用一些標籤功能去抓到更精準的客戶。

所以現在很多品牌商會把 LINE 官方帳號做為一種行銷工具來使用，但會遇到一個問題是，如果透過 LINE 官方帳號發廣告信，消費者也透過 LINE 官方帳號的連結去點到你的官網，消費者就會認為你應該可以直接幫他查訂單。

但是會員登入跟 LINE 官方帳號的會員是不同系統，所以無法直接幫消費者查訂單，就會變成你要消費者提供訂單編號，你才能依這個訂單編號進系統後台去幫他查單。所以你還要多一段請消費者提供訂單編號的流程，如果消費者不知道怎麼查訂單，你還需要另外花時間教他怎麼查，這樣一整套流程就會花費大量時間，消費者的感受也不好。

如果你需要頻繁使用這項服務，建議你先找能夠幫你把 LINE 官方帳號跟會員資料庫做整合的開店平台。除了我們前述的訂單查詢或廣告投放功能，還可以利用近期 LINE 開發出來的新功能，例如 LINE 直播跟 LINE 團購。

這些功能的價值在於，現在大家都知道廣告流量越來越貴，於是開始將目標放在「留量」，如何留下這些好不容易透過各種管道帶來的會員，已經是一個很重要的功課。而這些 LINE 平台開發的

功能，都能讓你更輕鬆地做到這件事。

2. 聯盟行銷網站

這是第三方串接功能中非常重要的一項，因為可以幫助我們布局更多的銷售通路，而且跟上架通路平台不一樣的地方有 2 點，第一是你不須額外付出上架費用或是遵守嚴苛的進退貨機制，第二是因為最後的金流跟物流還是走你的系統，所以你可以拿到消費者的會員資料，這樣的第三方合作結果就是穩穩的營業額暴漲。

另外，因為這些訂單都是利用網址來做追蹤的，所以你只有第一次消費者付帳的時候，會需要給對方抽成。而未來只要你的會員再行銷系統有做好，讓這些從聯盟行銷網站來的消費者都直接在你的網站下單，你就不用另外分潤給這些網站。

所以說，你可以把第一次的抽成視為行銷的推廣費用。反正這就是有銷售才有支出，效益一定會比你亂投臉書廣告來得好，如果你投廣告的效果不好，可能花好幾千元卻連一張訂單都撈不到。

資深顧問來回答！

提高品牌營業額的祕技

—— 甘明幼（Kate）、鄧志珮（Patty），客戶經理

哪個老闆不想要業績日日高升，但電商的營業額實際上要怎麼提高呢？在回答之前，我們先來複習一下電商的黃金公式：

營業額＝流量 × 客單價 × 轉換率

基本上，把各指標的過往數字算出來，就能評估每月的業績。在經營初期，我們只要先針對流量跟轉換率做優化，就可以有效提升營業額。

而當品牌做久了，會員累積多了，此時不只要看轉換率，回購率更是指標之一。新客可能購買一次就走了，流量又貴，不能僅靠新客支撐整體營業額，忠誠的舊客才是支撐營業額的重點。

想要提高回購率，除了本身商品力夠強，品牌帶給消費者的感受是否良好、有無會員制度、再行銷有沒有做好都是重點，消費者對於品牌、網站感受良好自然會回購。

因為電商的能觀測的指標太多，所以我們建議最好**在每個階段關注一個主要指標就好，其他都視為輔助指標**。例如在拓展市場階段，重點要關注的就是新客的成長率，在經營階段則是要注意回購率的提升速度。

當然，每個階段的觀測指標，還是要依品牌該階段的成長狀況、成本結構、行銷方式等去做綜合評估，才能找到最適合該階段的觀測指標。

除了關注指標，有沒有更快速提高營業額的方法？

有！直接花錢找團媽網紅、KOC（關鍵意見消費者）、直播主合作，透過「分潤」的方式讓這些有流量的團媽或網紅協助宣傳，帶進新會員及新訂單。

網紅團媽費用很貴嗎？雖然相對廣告費用，在網紅身上花的費用可能較高（包含分潤、優惠價、網紅宣傳費用、額外廣告費用等），把這個費用當作宣傳＋帶單的行銷費用，一旦選對合作對象，一波可能帶進百萬甚至千萬的營業額！別忘了這些新單也是新會員，後續可以再行銷呢！

評估合作對象時，**最重要的是符合產品／品牌調性，至少目標客群是相同的**，不能一味只看網紅的粉絲人數，也可以參考過去他們開直播或帶團的績效一起評估。需要多方嘗試不同的合作，這樣才能找到對的合作對象，同時也能吸引到新族群。如果一直只跟同一個有績效的網紅合作，會一直在洗同一群客群，後續效果也可能會減弱。

第 8 章

會員經營策略

為何每個品牌都在做會員經營？

　　電商市場商機無限，但隨著進入者越來越多，競爭也越來越激烈，新冠肺炎疫情讓原本已快速成長中的電商市場更加火熱。進入者增加，意味著品牌的競爭對手變多，除了不斷堆高廣告價格，也代表消費者比過往更容易接觸到你的競品，他們也一定會把你跟競品做比較，而你要在這場戰爭贏過競品的關鍵就是做好「會員經營」。

　　會員經營看似複雜，但說穿了就是一種客戶關係管理（CRM）的落實，**會員經營就是一種讓會員認為他是你朋友的方式**。我們不會因為朋友變多，就有不同的交友規則，而落實到會員經營時，你可以想想自己如何跟朋友相處，不外乎就是「記得他」跟「他記得你」，你記得他的好惡，他記得你的好。

　　同樣地，會員經營該怎麼做？其實就是「記得會員」（會員分眾）跟「提醒會員」（行銷技法），**只要你能在對的時間，用對的方式提醒會員，這些會員就很容易對你產生依賴感**。只要他們變成你的鐵粉，他們就會拋開理性和 CP 值，看到就買買買、用完就買買買，不考慮現在市場上是否有更划算的產品。

打敗競品的關鍵點 ── 會員經營

　　什麼是會員經營？為什麼全聯全台累積會員數高達 1,300 萬人？每個家庭裡一定至少有一個人是星巴克會員？又為什麼現在無論是去 7-11 還是全家便利商店，店員的第 1 句話就是問你有沒有會員？這些問題可以拆解成 2 個部分回答。

1. 什麼是會員？

廣義的會員就是指那些你問他要不要加入會員，然後他答應並填寫資料的人，但是這類會員對品牌來說只是「過路客」。就像是你去台中出遊時，剛好在某一間服飾店買衣服，店員說：「只要現在加會員就可以打 9 折。」你就加入了會員，然後這輩子可能再也不會去逛這間服飾店。

對於這間服飾店來說，你是不是會員？是，但你這筆會員資料是沒有意義的，因為你再也不會去這間服飾店消費。

那狹義的會員呢？狹義的會員是指那些因為喜歡你的商品、喜歡你的品牌理念，而發自內心支持這個品牌的人，通常這些人願意消費的金額比過路客更高，同時，他們也比較容易被推銷、不太殺價，還會主動跟親朋好友推廣你的產品。對於店家來說，這樣的顧客服務起來最快樂、也是最需要把握的。

2. 什麼是會員經營？

所謂會員經營，就是用盡你所有的方法，讓這些成為會員的人「留下來」。也就是說讓本來只是一次消費的過路客，透過會員經營策略變成回頭客，甚至是鐵粉。只要你能讓他持續關注、喜歡你的品牌，不斷回頭來購買你的商品，當他覺得你的品牌和商品好時，還會主動把你的東西推薦給親朋好友，替你行銷你的品牌，讓你創造更大的利潤。

 如何制定會員經營策略？

會員制度其實發展許久，無論你是去全聯、7-11、全家或家樂福，結帳時店員都會問你有沒有會員，現在加入會員可以累積點數或是現折多少錢。

在你有了會員資料之後，要怎麼讓會員制度發揮最大值，對品牌產生幫助？我們建議你挑選的開店平台至少要能做到以下 5 個策略：

策略 1　溫馨 EDM 刷存在感

大家多多少少都有收過推銷產品的電子郵件吧？EDM 行銷現在依然是每個做網路生意的店家都一定會做的事。要怎麼用 EDM 來經營會員呢？很簡單，撰寫一封圖文並茂的廣告信，然後發送到你的會員信箱裡。會員信箱怎麼來？當然就是顧客註冊時請他填寫資料而得來的。

至於什麼是圖文並茂的廣告信，這就要看自家行銷人員的功力了。也許是一張有趣的商品梗圖、也許是一篇感人肺腑的客戶故事、也許是客製化一份給會員的專屬優惠……三不五時寄一些語氣溫馨的 EDM，顧客雖然並不一定會每封都打開看，但如果看了，就是你的機會。就算他沒有特別點開來看，但你每隔一段時間就寄信給他，也是讓他習慣有你的存在、習慣每天收到你的信件，如果有一天他有需要買那類產品，就會第一個想到你。

策略 2 專屬會員的獨享商品

　　顧客最喜歡的就是被小心翼翼捧起來對待，當他感覺自己越特別，也就會消費得越開心。因此，在運用會員制度時，推薦你可以設計一些會員獨享的專屬商品，讓他獲得一些普通顧客得不到的優惠，進而產生自己很尊榮的感覺，增加對你的品牌喜愛度。

　　例如設計只有會員才能擁有的「滿額贈禮」，當然那個贈品不能是隨便的小樣品，最好是小但精緻的東西，甚至有些店家會專門設計與製作滿額贈禮，只送不賣，只給支持自己的會員們。如果是你，拿到了這樣的滿額禮，是不是會很開心？再加上只送不賣，更會覺得成為會員真是個好決定？

　　另外，你也可以在特定的商品設定一些會員限定的優惠價，像IKEA 很常推出「卡友優惠」，所謂卡友就是他們家的會員，藉著專屬會員的優惠，來吸引原本只是來 IKEA 逛逛的人成為會員，享受只有會員才能有的獨有優惠。有時候誘因雖然不大，卻可以產生意想不到的效果。

策略 3 自媒體平台與會員交流

　　第 3 個策略與第 1 個策略其實有異曲同工之妙，就是建立自媒體平台與會員交流。如果你每天除了處理訂單、回覆顧客，還有多餘的體力，建議你花一點休息時間，設立一個粉專，不管是在臉書或 Instagram 都可以，建立一個專屬於品牌的自媒體平台，在上面分享你的產品照、製作產品的過程、產品的故事等。

　　為什麼要這麼做？理由很簡單，**為了更貼近顧客的生活。**讓顧

客感覺你們很親近，你的品牌是和他在一起的，他會更願意消費；如果你發布的貼文是有趣且有特色的，他也會更願意主動去關注你的品牌消息。

像 CYBERBIZ 有客戶是賣布料的，乍聽之下好像離一般人的生活有點距離，但是他們很用心經營粉絲專頁，常常分享一些用自家布料做的衣服、小袋子等，因為穿搭起來很可愛，大家反而覺得和這個品牌貼近了，更願意關注，經營品牌官網也就更順手了。

策略 4　分眾行銷

利用網路經營會員，還有一個非常重要的優點，同時也是你一定要運用的策略，就是分眾行銷。在後台蒐集你的顧客過往消費的所有資料數據，進行比對分析，再把來實體店面消費的顧客依照分析的結果，進行分類，這就是所謂的分眾。**分類之後，你會發現其中某一類顧客，願意消費的金額特別高，那就是你的受眾。所有主要的廣告，都可以將這群受眾當作主力目標。**

除此之外，還會有意想不到的其他結果，像是可能某個年齡層的顧客，特別喜歡買某一種類型的保養品，或是女生特別愛買日系居家收納品，男生對素色的衣服特別有意願購買等。這時候，可以針對你分析過的數據結果，再去進行特定的行銷操作，這樣不僅更精準，成效也更好、更省力。

策略 5　趣味小互動

最後一招，是常常被品牌所忽略的：準備一些趣味的小互動。

到便利商店買東西，有時結帳會遇到店員詢問：「這個買 2 件可以抽獎哦，請問要湊 2 件嗎？」或是「今天的消費金額可以玩個小遊戲哦，可以幫我點一下螢幕抽折扣嗎？」像這種時候，消費者通常都是興沖沖地參加，有折扣又可以玩遊戲，感覺很有趣耶，沒理由說不吧！

聽起來有點童心未泯，但設計一個趣味小活動，去和顧客做雙向的互動，其實適用於各種年齡層。不論大人、小孩，聽到抽獎跟小遊戲，幾乎都會興致勃勃要參加。

要了解會員，必須先分眾？

在你經營電商一段時間後，會員數自然就越來越多，這時候你就需要開始重視會員分群了。透過分群，我們才能有正確的溝通策略，例如針對每個月都會來消費的客人和針對每年只會來一兩次的客人，一定會有不同的溝通話術。

同樣地，我們也應該把自己網站會員先做分群，並且針對不同的會員群提出不同的消費折扣，這樣你才能夠在節省廣告費的同時，也提高會員的下單機率。

我們可以透過購物金額高低、購物頻率高低，將會員分為 4 個類型：

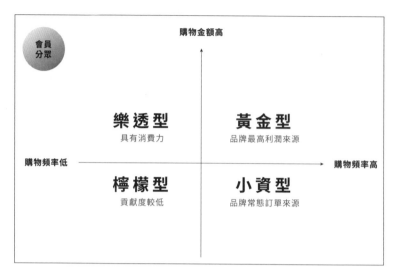

圖 8-1　會員的 4 種類型

黃金型會員

　　這是品牌最愛的 VVIP 客戶，這類會員通常是品牌的最高利潤來源。特性是只要品牌出新產品他就會買，你只要給他尊榮感，他也會下單。而把這件事情玩最好的就是誠品書店，他的黑卡會員資格是一年內購買商品必須要超過 5 萬元，而如果下一年度的消費沒有超過 5 萬元就會降級。這個門檻對於不常買書的人是非常高的，平均你每個月要買超過 4,167 元才能擁有會員資格。

　　針對這些黑卡會員，誠品不但有專屬的 eslite premium 黑卡會員餐飲空間，還有只給黑卡會員的專屬優惠跟服務。只有黑卡會員可以使用的餐飲空間，這不就是「差別待遇」嗎？但從 2020年 9 月誠品推出黑卡方案到 2021 年 3 月為止，黑卡會員數成長達44％，是將近一半的成長率。你說這一招好不好用？

• 針對黃金型會員的推銷心法：給尊榮感，刺激買氣

這類會員是「購物金額與購物頻率都高」的消費者，因為他們本來就很常逛你家的網站，所以常見的 2 件 75 折或是滿 3,000 元送贈品，這類行銷手法對他們來說就是平凡無奇了。

所以我們要透過獨享的優惠折扣或服務，還有搶先預購權來促進他們的消費意願。你也不一定要讓他們買得更便宜，而是可以提早開放幾個小時或一天的時間讓這些黃金型會員購買產品，都會是很有效的促購方式。

• 針對黃金型會員的行銷技法

(1) **會員限購價格**：設定祕密商店，提供限定價格與限量的特定商品，並設定僅限黃金型會員可見。

(2) **VIP 折價券（高面額）**：提供黃金型會員高面額的折價券，如「滿 3,500 元折 1,000 元、滿 5,000 元折 1,500 元」。如果是「滿 500 折 50 元」這類低面額折價券就不要提供了，因為黃金型會員用不上，甚至還可能覺得你看不起他。

樂透型會員

這類型的客戶很具有消費潛力，他們雖然購買的次數不多，但是每次的購買都是超大筆金額。像 CYBERBIZ 的客戶就很常遇到那種會員是半年才會來下一次單，但是每次下單的金額都是萬元起跳。如果我們能夠讓他多下單幾次，就有機會把他變成「黃金型會員」。

• 針對樂透型會員的推銷心法：吸引回購，衝高訂單量

因為這類會員是「購物金額高但購物頻率低」的消費者，通常會是團購主或公司的福委會總務，他可能一次採購某樣商品就買好幾萬元，所以我們就要養成他多下單的習慣。怎麼做呢？最好的方法就是「讓他有購物的理由」。

• 針對樂透型會員的行銷技法

直接將高面額的 VIP 折價券砸下去。因為這類的會員其實是「隱性的價格敏感型消費者」，只是因為他們一次的訂單金額會比你的平均客單價多出很多，所以很常被忽略了。

既然是價格敏感型的消費者，就可以直接發出高面額的「滿 3,500 元折 1,000 元、滿 5,000 元折 1,500 元」折價券，折越多，他們的購買欲望越高。只要他的會員等級達到最高級，享受到最划算的價格時，他們自然更難離開你。

小資型會員

小資族其實是品牌常態訂單來源，他們可能喜歡品牌的某些特定商品，但是不想另外付運費，就會自己找其他商品湊到免運門檻，或是找朋友湊單。針對這類的消費者，我們的做法就是給他們一些會令人心動的小優惠。

• 針對小資型會員的推銷心法：利用優惠提高客單價

這類會員是「購物金額低但購物頻率高」的消費者。因為這類消費者的購物頻率已經很高了，所以我們就可以透過一些優惠的組

合設計，讓他們稍微提高每筆訂單的預算。因為這類消費者通常都是買到剛好免運的門檻，你其實可以設定只要比免運門檻多一點就送東西。

例如你的免運門檻是 1,000 元，就可以設定一個滿額贈是滿 1,100 元送市價 200 元的贈品。對於這類消費者來說，他們就會覺得只要多花 100 元就可多賺 200 元，一定會心動。

但對你來說，這個贈品的成本可能才 20 元，你還是有賺，然後他想要買超過 1,100 元的時候，實際訂單的成交金額可能會是 1,300 或 1,400 元，這樣一來你就偷偷地提高客單價了。

• 針對小資型會員的行銷技法

(1) 滿額贈： 最簡單的做法就是會員單筆金額滿 300 元送贈品 A，滿 600 元送贈品 B，滿 900 元送贈品 C，滿 1,200 元送贈品 D，當然這個需要你實際算過成本是否可行。

(2) N 件 N 折： 常見的做法是任選 2 件 8 折、任選 5 件以上 6 折，你也可以依你的行銷與成本結構做調整。

(3) 折價券（低面額）： 小資族對於購物會想的比較多，所以如果給他們高面額的折價券，其實不會有太好的效果。反而是「滿 500 元折 50 元、滿 300 元折 20 元」這類的折價券效益會比較好。

檸檬型會員

檸檬型的消費者就是「價格超敏感族群」，最常見的是在品牌出清特賣時才會下單的會員。更具體一點的例子，像是他們如果拿

到好市多（Costco）的折價券，會一個一個商品去看，看哪些商品是他有需要並且有打折的。就算打折的品牌不是他慣用的品牌也沒關係。

• 針對檸檬型會員的推銷心法：庫存出清，賣出就賺到

這類會員是「購物金額與購物頻率都低」的消費者，對於品牌的貢獻度較低，我們也很難透過一些行銷技法去改變他的態度，但你只要記得一件事情，有出清優惠時記得通知他就好。只要有便宜，他就一定會出現。

• 針對檸檬型會員的行銷技法

(1) **特價群組**：透過如任選折扣群組、加價購群組、滿額贈群組等不同的商品優惠組合，吸引檸檬型消費者購買。

(2) **紅配綠**：即紅區商品＋綠區商品，可設定幾種優惠方式，例如固定金額、固定折扣、折固定金額、每件折固定金額。

(3) **折價券（低面額）**：高面額的折價券對檸檬型消費者很難奏效，因為他們通常只會買到免運門檻，反而是「滿 500 元折 50 元、滿 300 元折 20 元」這類的折價券效益會比較好。

會員分眾的進階技法

除了用購物金額高低、購物頻率高低來把會員分成 4 個象限，我們還可以透過喬治‧卡利南（George Cullinan）在 1961 年提出的 RFM 模型來做為會員分眾的思考框架，RFM 分別代表：

1. 最近一次消費（Recency）：比較好理解的說法是會員活躍度，也就是從會員上次消費至今，已經過了多久。
2. 消費頻率（Frequency）：指的是會員的品牌忠誠度，我們會用這位會員在一段期間內，回來消費幾次來做判斷。
3. 消費金額（Monetary）：指顧客在一段期間內，累積消費金額是多少，這個數字能夠幫你判斷這個會員是否為大戶。

你可以透過這些數據去檢視與思考，目前的品牌經營策略是否有達到你的想像？並且重新檢視之前所提出的會員分眾策略是否有需要調整的地方。

有些開店平台也會根據 RFM 模型來開發自動化銷售模型，例如我們可以先透過 AI 來模擬整個消費場景，且透過系統進行智慧分群，直接把這些消費者做分眾，並且透過排程的方式去設定不同的優惠活動發送，追蹤成效。

這樣做的好處是，未來消費者再也不會收到那種全站的宣傳信，而是你可以針對不同特性的消費者，做出差異化的溝通。而且這段過程全自動化，你不需要再自己手動排程、篩選名單與貼上標籤。

會員系統必須有哪些功能？

會員系統除了可以蒐集會員名單，還可以幫你分析會員資料，讓你除了那一筆筆的冰冷訂單，還可以多出更多的洞察，也更容易幫你及時調整行銷策略和賺更多錢。

必備功能 1 會員分析報表

正常來說，開店平台的後台一定都會有自己的會員分析報表，如果你使用的平台連會員分析報表都沒有，或者很陽春，那我們會建議你多想一下。之所以使用開店平台，除了因為通路平台的抽成，還有另一個重點就是通路平台不會給你消費者的會員資料。

回過頭來講，如果我們今天拿到了會員資料卻無法善加利用，是不是就有點浪費這個資源了呢？

1. 會員數與新會員數

對於電商經營來說，最重要的 2 件事就是「找新客」跟「留舊客」，前者指的是開源，因為舊客可能會出於各種原因離你而去（例如小孩長大，不再需要買童裝），所以我們做會員再行銷的目的是儘量延長這一段過程。而你同時也需要注意，新客增加速度有沒有超過舊客的流失速度。

如圖 8-2，深色線是新會員的增加數量，可以很清楚地看出這

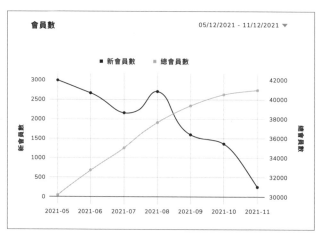

圖 8-2　會員成長速度

間店的「找新客」做得並不好，因為深色線下降的速度太快了，如果這個狀況沒有調整，未來的會員結構可能會出問題。

2. 期間內註冊會員消費次數

圖 8-3 是所有會員的消費比例，這張圓餅圖顯示的問題在於，「無購買紀錄」加上「1 次購買」的消費者的比例超過 80%。

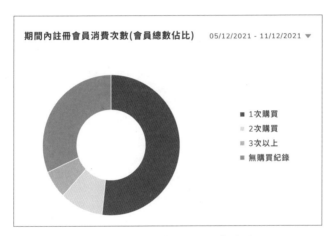

圖 8-3　註冊會員總消費次數

之所以會有無購買紀錄的情況，可能是因為舉辦了輪盤遊戲之類的行銷活動，引來一些想玩遊戲試手氣的消費者，以及被派發了優惠券卻不曉得要買什麼的消費者。

圖 8-3 是在說，有超過 8 成的會員屬於沒買過商品或僅買過一次商品的人。也就是說，會員再行銷還有很大的發揮空間，一般來說，會員再行銷的會員應該可以達到 30%以上。

我們可以透過一些技法去提高這些會員的購物金額跟購物頻

率，讓 2 次購買跟 3 次以上的消費者占比不斷提高，那你的淨利自然就會一同增加。

3. 會員平均回購天數

會員平均回購天數指的是，有 2 次消費及以上的消費者，平均多久會再消費一次。不一定多少天數是合理範圍，要看你的產業為何，如果你賣的是 3C 產品，那數字在 300 天以上都算正常；但如果你賣的是生鮮產品，結果會員快 2 個月才回來買一次，這就不合理了。會員超過合理的回購天數才回來買，問題可能不是出在產品上，因為如果消費者不喜歡你的產品，根本就不會回購，那就可以重新盤點你的行銷流程是不是有哪邊可以調整。

第 2 個問題是，當我們發現回購天數太長的時候該怎麼辦呢？我們建議你直接從會員資料裡面撈出超過 45 天以上未下單的人來做貼標導購，如圖 8-4。你可以找出那些差不多時間準備下單的會員，也給他們做提醒，甚至你也可以發一些小額的折價券，讓那些還在猶豫的消費者多一點動力。

**圖 8-4　以 CYBERBIZ 的後台操作為例，
透過篩選器來撈出符合各種條件的會員名單**

4. 性別分眾、年齡分眾

這個功能看起來好像很普通，但其實也是很重要的功能。如果以圖 8-5 來看，會知道你的會員真實比例其實是 90% 的女性，並且大多集中在 30 ～ 49 歲的區段。這個數字有可能跟臉書或 Instagram 後台的數據不大一樣，但是我們會建議以會員系統裡的數字為準。

因為這些人才是真的會跟你購買產品的人，這下你就知道未來如果要進行設計或撰寫廣告文案，就要優先瞄準 30 ～ 49 歲的女性。如果你使用的是像 momo 這類通路平台或是較陽春的會員系統，根本就無法看到這些資料，或是需要花費大量的時間去瀏覽資料，才能找到這些數據。

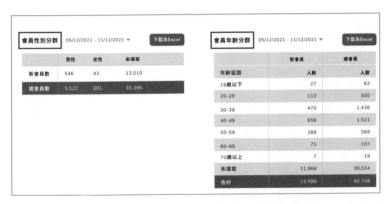

圖 8-5　以 **CYBERBIZ** 的後台操作為例，
可以看到會員的男女比十分懸殊

必備功能 2　會員貼標

會員貼標這項功能，就是我們在前面的會員篩選器輸入條件之後會篩出特定的會員，接著利用貼標功能把這些會員做出標

記，這樣未來你就可以直接寄 EDM 或傳簡訊給這些你篩出來的會員。你的會員名單就會像是圖 8-6，在顧客的名字下方插入一個叫「HAHA」的標籤，未來就可以只針對這些人做再行銷，寄出專屬他們的優惠訊息。

就像早餐店阿姨知道你喜歡吃蘿蔔糕，下次他如果推出新品的蘿蔔糕時，特別跟你推薦，你是不是就很願意買單？同樣地，如果你可以直接透過系統撈出那些有買過蘿蔔糕的會員，在他們身上做一個「有買過蘿蔔糕」的標記，那未來無論你是推出新品蘿蔔糕或是要做蘿蔔糕的促銷活動，你都可以直接告訴這些會員，我們現在有這樣的活動哦，快來買！

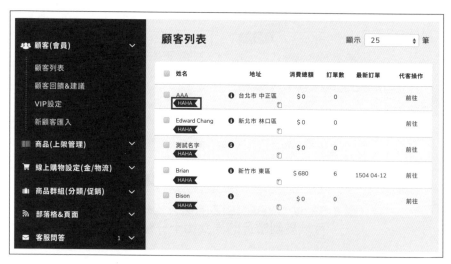

圖 8-6　以 CYBERBIZ 的後台操作為例，幫會員貼標

資深顧問來回答！

掌握會員才能做好再行銷？

—— 林孟穎（Crystal）、許元家（Jennifer），客戶經理

會員經營一直都是電商的重要命題，也是品牌必須建立自己官網的關鍵因素，通路平台雖然能夠帶來流量，卻無法幫你蒐集會員，導致品牌的再行銷成本無法有效降低。

當你尚未擁有自己的會員資料去分析了解受眾輪廓（Persona），除了在規劃電商行銷活動、預測營收目標上將被局限，更艱難的是，如何透過相對低的成本，用已有的會員資料創造新營收。

會員就是資產，在消費者購物的各個階段可以透過不同的工具或行銷方式留住會員，面對不同族群有多樣的應對策略。商家必須秉持「數據為王」的理念，運用系統工具明確記錄每一位客戶的基本資訊、購物旅程、消費習慣等，再運用 EDM、簡訊等推播工具針對不同條件受眾發放品牌活動，讓商家達成最大化效益目標。

對於晚入場的品牌來說，開發新客相對不易、獲客成本驚人。但我們明確知道，透過會員經營的方式可以拉高顧客終身價值，讓消費者持續回購變成熟客，盡可能地在消費者生命週期內提高貢獻度，持續和品牌保持連結。

想像一個情境，當我們擁有了 1,000 個會員消費資訊，有下一檔活動時就可以直接針對這 1,000 名會員推播簡訊，一封簡訊 1

元，總共是 1,000 元的行銷成本。在這所有受眾裡，只要有任何一名會員在品牌官網上完成超過 1,000 元的訂單，基本上這次的活動就回本了，這就是**再行銷的魅力：最低的成本、最準的受眾、最好的營收**。

而會員經營最後一關 OMO 是打通品牌的任督二脈。你可能曾有這樣的體驗：在 A 網站購買過一件褲子，獲得 100 元折價券，後來去實體店逛逛要結帳時，發現不能折抵，覺得有些可惜；又或者在 B 實體店買過寵物用品，累積了 20 元購物金，回家想到剛剛少買一樣東西，上了 B 官網卻發現點數不能使用，動搖了你這次購物的念頭。

這樣的情況不斷地在市場上演，台灣市場已經迎來多通路經營時代，要滿足會員再行銷管理，必須充分掌握客戶資訊及消費脈絡。商家並非只是將實體通路客戶引導至網路商店購買，**而是以「線上下通路都可以獲取商品」的角度，提供消費者更便利的購物管道**。

要完成 OMO 漂亮的組合技勢必是血淚交織，如何打通線上線下團隊的溝通，讓行銷活動安排不衝突，都是品牌決策者會遇到的考驗。

第 9 章

哪時候需要租倉庫？

 做電商該租倉庫嗎？

電商產業與一般產業不同的地方在於，電商的出貨量是極其不穩定的。你可能平常一天只有 20 張訂單，但到了像是雙 11 或是聖誕節這種大節日，一天有個 400 張訂單都是有可能的。除非你做的是很穩定的生鮮類或訂閱制商品，不然你會非常依賴行銷活動帶來的流量跟訂單。

而對於經營者來說，這個就會是每年遇到的難題，你該準備多大的倉庫、要用多少人力來出貨？畢竟一天出 20 件貨跟 400 件貨，需要的規格是截然不同的。

電商出貨的特質

如果你發現自己的網站越來越頻繁遇到「出貨量超載」的狀態時，建議你就可以考慮來找倉庫了。總的來說，電商出貨會有以下 3 個特性：

1. 訂單數的波動性極大

舉辦大型活動時，電商的訂單量可能會暴漲到過往的 5 倍。有趣的是，當時間越接近活動開始前，訂單量會越少，例如你平常每天平均會有 100 張訂單，但在雙 11 之前，可能每天只有 20 張訂單，到了雙 11 當天則暴增到 500 張訂單，這都是很常見的情況。

2. 出貨的人力變化大

如果你平常只有 100 張訂單，那就是 2 個倉儲人員就可以處理

好的事情。但是如果今天你的訂單暴漲到 500 張，就不是加人可以處理好的，因為貨運司機不會因為你今天比較多件商品就為了你晚一點下班，如果你想要當天出貨，還需要有更大的包裝場地。

所以你要想辦法挪出更大的空間，讓足夠多的倉儲人員出貨，當然，能否臨時找到熟悉出貨流程的倉儲人員又是另一個問題了。

3. 須對應不同平台的出貨邏輯

這是很多人在找電商倉庫時會忽略的問題，因為像 momo 跟 PChome 這類電商平台，對於沒有進他們系統倉的商品會有很嚴苛的罰則和規定。但如果你的商品要進他們的系統倉，先不論倉儲費跟手續費，光是無法保持庫存的有效流動就是一個很麻煩的問題，而且倉庫在安排入庫跟點收都需要額外安排時間。

例如接近雙 11 這種大檔期時，系統倉的驗收都需要排隊一週以上，你的商品就已經寄到倉庫了，但因為還沒有被點收，在平台上的庫存就一直顯示「無存貨」到活動結束。不要忘了，活動在跑，少賣一天較就是少一天收益。

為了避免來不及上架或出不了貨的狀況，你要熟知不同電商平台的出貨邏輯跟規則，讓自己最大程度避免客訴跟有貨沒得賣的情況。

電商倉庫跟傳統倉庫的差別

電商倉庫跟傳統倉庫的最大差別就是，傳統倉儲只做 2B（to businesses，對企業），進到別的倉庫統倉或工廠，主要跟你收存儲的租金。但電商倉庫就不一樣了，電商倉庫可以幫你把整個貨櫃的

貨物直接拆櫃，然後盤點入庫，並且按照你的需求出貨，也就是說電商倉庫可以做到 2C（to consumer，對消費者），包含理貨、包裝，出貨到終端消費者手上。

表 9-1　電商倉庫和傳統倉庫的比較表

	電商倉庫	傳統倉庫
客戶	消費者	門市、經銷商
日均出貨量	多（視活動規劃，變動性高）	少（通常會提前安排）
平均客單量	少	多
訂單及時率	要求高，需當日出貨	按計畫安排即可
訂單準確率	要求達到 100%	高
SKU（單品）* 數量	多	少
單 SKU 數量	少	多
單 SKU 備貨量	少	多
退貨單量	較大	較少（有計畫）
客製化服務	需要	通常不用

---

* SKU（Stock Keeping Unit），譯為單品，泛指商品的最小分類單位。如果一件衣服有 3 種顏色，即視為 3 種單品。

想租倉庫該考慮哪些地方？

對於想要做好電商的人來說，租電商倉庫已成為必須，因為無論是 momo 或 PChome 都在力拚快速到貨。現在的電商就是一個沸騰的戰場，任何一點小事都可能成為你戰勝其他競品的機會。

將倉儲物流交給專業的電商倉庫公司也成為在電商布局中很重要的選項，厲害的電商倉庫除了可以滿足你當天出貨、零錯誤的需求，還可以幫你做到庫存管理、減少溝通時間等，提高經營效能。所以選擇倉庫時，你應該優先挑選能為你加分的電商倉庫。如果你也想開始加入這一層布局，就可以考慮下面的事情。

想清楚自己的出貨需求

沒有最好的電商倉庫，只有比較適合你的。在選擇電商倉庫時，可以先依照自己過往的出貨經驗，去思考你需要哪些倉庫服務。建議你在找倉庫前先思考下面這幾點，並且跟電商倉庫確認他們是否能滿足你的需求：

1. 你的每日訂單數、客戶群經常使用的配送服務
2. 你的每日進出庫存多少、SKU 數量、是否有特殊需求
3. 你的商品周轉率、時效要求和配送範圍
4. 你對倉庫環境是否有特殊要求，例如貨架、溫溼度、通風設施等
5. 你的預算範圍
6. 倉庫系統能否對接你的官網系統，以及你是否需要對接服務

商品的安全性是否有保障？

對於倉庫存儲來說，安全是一大重點，**倉庫必須具備足夠的安全性，以保證貨物安全**。商品不在自己身邊時，如果倉庫發生意外了怎麼辦？後續處理有保險嗎？在選擇倉庫時必須充分考量這些因素，以免有時候意外來得太突然，讓你損失商品，欲哭無淚。

現在很多倉庫都有配合消防檢驗系統或保全系統，發生意外事件時能儘量降低倉庫的風險，同時配合 24 小時監視器監控，讓客戶可以遠端監看。

電商倉庫的系統是否足夠完善？

使用電商倉庫系統除了能提供消費者更好的購物體驗，也提高我們的作業效率。一個完善的電商倉庫系統應該要能幫助你看到具體且即時的庫存、訂單出貨狀態、正逆物流的處理狀況，而不是一遇到問題就要打電話詢問倉庫。

服務是否有彈性空間？

從商品放到倉庫那一刻起，就開始了倉庫管理的旅程，從商品入庫、庫存管理、客人下訂單、揀貨、包裝加工作業到最後的配送，整個流程都需要系統化的整合。

商品種類五花八門，需要歸類才好整理，例如：你總共有1,000 樣大型電器產品，其中有微波爐、吸塵器、吹風機等家電用品，那要怎麼歸類才能在揀貨和出貨的過程中減少時間成本？

　　小到出貨商品的包裝跟標籤，大到商品盤點跟櫃位調整，要檢視這間倉庫能否根據不同客戶的需求，進行調整及配合。

出貨效率是否符合要求？

　　出貨時間對於電商是非常重要的，這牽涉到你能否及時將貨物送達客戶手中。無論是原料或產品的進出貨管理，還是物流配送環節，都必須透過倉庫來配合整個流程，所以倉儲管理，特別是電商倉庫，做為電商模式的中樞位置，對整個供應鏈有著很大作用。

　　要達到高效率，其實必須仰賴倉庫的各方面配合，包含人力、系統還有機器，盡量提升效率，提高出貨速度，顧客黏著度也會提高。

電商倉庫系統的管理優勢有哪些？

　　電商倉庫系統之所以強大，就在於它可以藉由系統優化，把原本人工處理容易出錯或疏漏的事，直接透過系統協助把關或提前預警，讓你在處理跟倉儲相關的事件時，不須花太多心力。

優勢 1　出貨錯誤率降低

　　電商倉庫系統的優點就是每一項動作都會自動記錄，無論今天你進多少貨、出多少貨、有幾筆訂單、幾點出貨，都直接記錄在雲端。你可以直接進系統後台去看現在的總庫存，還可以看見現在有

多少訂單是撿貨中或是待出貨，不用等到倉儲人員向你回報，上系統一查就清清楚楚。

而且電商倉庫都會安裝 24 小時監控的監視器，無論是入倉、撿貨、打包、出貨，每個動作都清楚錄製，系統還會自動記錄這項動作是由誰完成的，發生問題時就可以直接調系統來確認，減少爭議。

優勢 2　虛擬倉設計，讓你彈性配貨

收到大量訂單時，最怕就是連給其他客人的貨都一起出掉了。我們來假設一個情境，你除了官網，也有同時經營蝦皮、momo，還有一些預約商品的散客，如果你想要確保官網的庫存商品不要出給其他通路，怎麼辦？

最安全的方法就是一個通路放一個棧板，這個棧板的商品出完之後就不要再出貨了。這個方法看起來很合理，但如果你經營 4 個通路，每個商品就要 4 塊棧板，如果總共有 10 種商品，就至少要有 40 塊棧板。一般倉庫都是按棧板數收費，你只是為了保留各通路的庫存，多支付了 4 倍的倉儲費用，很不划算。

為了解決這個問題，有些電商倉庫特別開發虛擬倉系統，讓你不需要把商品拆板，直接在系統上面分好庫存。出貨也會接幫你扣虛擬倉的庫存，像如果 momo 倉的庫存顯示為 0，就不會再出貨，你也不用擔心會出到其他通路的商品。又或是如果你發現 momo 倉賣得特別好，也可以直接在系統上把其他倉的庫存移一些去 momo 倉，完全不用另外交代倉儲人員，在使用上有極大的靈活性。

有時候公司為了準備下個月的行銷活動，會需要保留某樣商品

的部分庫存，還可以為每個商品都安排一個保留倉，讓你可以彈性利用，這樣就省了很多處理的工夫。

優勢3 自動處理逆物流

如果你的官網有串接電商倉庫系統，只要客服按下退貨鍵，系統直接拋單到倉庫跟逆物流，你就不用處理任何事情。

而且有些專業的電商倉庫系統還可以串接 momo 跟 Yahoo 購物中心這類購物平台的系統後台，消費者如果在商城購買商品要退貨，也是一鍵啟動逆物流，讓你省下許多要花時間又沒辦法創造效益的工夫，不然退貨通常都是需要人工處理的。

優勢4 效期管理無煩惱

效期管理一向都是電商的管理痛點，**電商倉庫可以在系統後台直接設定商品效期，當入庫的商品到達設定好的最小效期時，就會自動提醒你**。譬如你設定 A 商品離保存期限只剩 180 天的時候要提醒，當系統發現你有一批 A 商品的庫存距離保存期限剩 180 天，就會發信通知你。

這種設計可以讓你不用擔心客戶會收到過期商品，你也可以把這批商品做出清特賣或當成近期的活動贈品，不然等到整批過期商品報銷，不僅可惜，老闆的臉色也會很難看。

另外還可以做到「依照通路設定效期規範」，像寶雅要求進到他們家的商品效期必須還有三分之二有效，例如保存期限一年的商品，到他們倉庫的貨至少還要有 243 天有效。電商倉庫可以直接在

系統後台把各通路的效期規範都設定好,並透過系統辨識告訴出貨人員哪個倉位的貨符合某通路的效期規範,從此都不用擔心因為倉庫出錯貨而被通路罰款。

優勢 5 庫存即時更新

像一般的電商網站,光是有上架的品項可能就有將近 2,000 種,所以很常會遇到的狀況是,某些商品是等到消費者來詢問之後,你才知道原來系統已經沒有庫存了,尤其是當你的商品同時要出貨給 momo、PChome、蝦皮等通路的時候。

專業的電商倉庫系統有低庫存回報功能,你可以直接設定當庫存低於某個數字時,由系統直接發通知給你。像是熱銷商品,可以設定當庫存低於 50 的時候就發系統通知,而銷售量普通的商品,就可以設定當庫存低於 10 的時候再發系統通知。

倉庫不夠放了,如何挑選適合自己的倉庫?

如果確定要租倉庫,要如何找到適合你的倉庫呢?在回答這個問題前,應該要先想一下你租倉庫的目的是什麼?

很多人剛做電商時,為了降低營運成本,就把商品都堆在家裡;要出貨時,直接在家裡包一包出貨。這個方法雖然便宜又方便,但我們並不建議這麼做,因為當你的經營規模越來越大時,勢必會遇到家中空間不夠的情況。

當你確定有租倉庫的需求時,如何判斷該租多大的倉庫呢?除

了要思考自身需求，也需要針對這間倉庫本身具備的條件來進行評估，因為搬倉庫是一件非常耗時耗力的事情，有些商品也不適合頻繁的移動。

所以此時務必要做到全盤的考慮，就算你找到的這間倉庫符合現階段的需求，但如果下列這些事情中，只要有一項會讓你感覺擔憂，就建議你再多多比較。

租倉庫前必知的 2 件事

在正式租倉庫之前，我們要先釐清你需要的是哪種倉庫服務，因為倉庫也會因為自己的定位不同，提供不同的服務。例如有的倉庫就是僅提供存放空間，有的還可以幫忙出貨或是處理退貨等。

1. 傳統倉庫 vs 迷你倉

我們可以很粗淺地用占地面積來區分一般傳統倉庫和迷你倉。傳統倉庫的占地最大，可以儲存的數量也最多，傳統倉庫比較適合存放體積較大的商品，例如原物料、大型家具、機器等，因為需要的面積很大，多半位於郊區，因此這樣的倉儲通常都是 B2B 的企業使用。迷你倉則是占地最小，庫存的數量有限，迷你倉的訴求是鄰近、便利，因此許多迷你倉會設置在交通便利的地方或商辦大樓，讓使用者可以方便進出。

2. 空間出租的算法

不同倉庫的存放體積大小，其實也跟占地面積有關，以一般傳統倉庫來說，通常以板、格、件數來區分。以迷你倉而言，存放的

體積範圍廣泛，從一個物流箱的大小到一個衣櫥、一間套房的大小都有，你再依照需求去選擇最划算的租法。

如何避免租到爛倉庫？

實際租倉庫時通常只有簽約前會去倉庫看一下環境，接下來就是每半年到一年的盤點時間才會再過去。要注意的地方是，很多倉庫老闆都是老江湖，很懂怎麼引導客戶看到他想讓你看到的東西。

所以如何在第 1 次倉庫巡禮時就透過小細節了解這間倉庫的狀況，就是一件很重要的事。關於怎麼觀察倉庫的好壞，我們歸類了 6 個重點。

1. 看倉庫所在地點

地點講的不是從這個倉庫離你公司有多近，而是**貨運公司的卡車過去收貨方便不方便、離交流道近不近**，最適合電商倉庫的環境是「6 公尺寬以上的活巷」。6 公尺寬的活巷，方便讓卡車直接倒車進倉庫取貨，你如果先疊好貨，貨運司機可以一拉就走。如果地方不夠大，就算你先疊好貨，貨運司機還是得一箱一箱放到推車上，然後再拉回車上，這樣的出貨效率很差。

另外一個重點是收貨的地點會不會很偏僻，如果你本身沒什麼跟倉儲物流打交道的經驗，你可以問他配合的物流公司有哪些，如果那些你聽過的物流公司都有配合，基本上就不會有太大的問題。

2. 看門面

建議到倉庫門口時先看一下有沒有警衛室，或是出入口是否有

24 小時的保全系統可以隨時監控。一般來說，倉庫應該要把會客室或員工休息室設在門口附近，這樣才方便隨時掌握周遭環境，也會提升小偷光顧的難度。

3. 看倉庫環境

倉庫的儲存環境很重要，建議你要巡一下整間倉庫的環境是否都適合存放你的商品，因為除非你有明確跟倉儲公司講好你的貨要擺哪個位置，或你需要什麼樣的存放條件，不然很可能會遇到你之前跟倉儲公司講好是 A 地點，但是下次去巡的時候變成 B 地點，因為倉庫要顧及使用效率，有時會調整儲位。

所以除非是提前說好，不然很難確保你的貨品都擺在同一個位置。建議你要先巡過整個倉庫的狀況，如果有哪邊是你覺得不適合存放的地方，先跟倉儲公司提出，這樣雙方都好安排作業。

4. 確認溫控系統

台灣四面環海，溼氣很重，尤其夏天又悶熱又潮溼，商品很有可能因為發霉而報銷。就像機器需要冷氣冷卻一樣，不同商品適合的溫度不同，有的商品遇到高溫可能會壞掉，影響商品本身品質；更慘的是，商家沒發現商品壞掉就寄出，將影響信譽。

若你的商品是屬於易受潮的類型，那溫度與溼度的控管就很重要了，要隨時保持合適的溫度與溼度，有效保護產品，就要找那種會使用 24 小時高效能工業用除溼機、商業用空調系統，讓室溫維持在某一溫度的倉儲系統。

5. 消防安檢是否完善

電商倉庫最怕遇到走水（失火），建議你要先確認這間倉庫是否有通過政府消防、公共安全檢查，並且確認防火門、防火建材是否符合法規，現場是否有足夠的消防設備，是否有投保商業火災保險等。另外還有一個小撇步，你去參觀倉庫時，可以觀察他們的走道是不是保持淨空狀態，如果看到很多髒汙或雜物堆積，就代表這間倉庫在環境管理上有很多需要加強的地方。

6. 看作業流程

有些傳統倉儲公司還是依靠紙筆記錄跟 Excel 表單，這樣的作業方式就屬於百分之百的人工作業。當手動程度越高，就代表出錯的頻率越高。建議先確認你找的這間電商倉庫**有沒有出貨全程錄影監控，並且輔助條碼系統即時更新出貨狀態**。

當所有動作都會刷條碼記錄時，不但可以隨時在系統後台掌握每筆訂單的出貨狀態，也可以很清楚看到是哪個倉儲人員負責哪個流程到哪一個階段。同時，當處理訂單的人知道他所有動作都會記錄到雲端時，他就會更加謹慎面對包裹，這就是人性。

另外提供一個小撇步，你可以在閒談中旁敲側擊地詢問這間電商倉庫有什麼預防機制，像是專業的電商倉庫除了會管制人員進出，也會要求倉儲人員不能穿多口袋的衣服，避免瓜田李下；或是針對高價產品，是否有設立 24 小時監控及密碼保護的獨立空間等。

🛒 倉庫月租費多少才合理？

做電商最容易遇到的問題就是產品庫存越積越多，有時候越積越多不是因為賣不掉，而是因為銷量越好，備貨需要越多，尤其是當你想搶季節性的商機時，更容易遇到這個狀況。例如你想要做過年限定檔期商品，差不多 10 月就得開始先找工廠印刷紙箱、贈品、包材等，這些東西都是屬於不提前弄好，之後就很難排入排程的耗材。

如果你的產品也屬於工廠加工品，那更得提前弄好，不然除非你跟工廠的關係很好，他願意讓你臨時插隊，否則你可能會連貨都出不了。而提前處理會遇到的問題就是你不一定有地方可以放，這時候你就會需要租倉庫了。

但實際上，很少倉庫願意接月租的訂單，因為如果只是短期承租，對他來說只會造成作業上的困擾，所以很多說有提供月租的單位，最後都會希望你簽一年約或半年約。

建議你如果是很臨時需要租一個地方，可以找迷你倉合作。如果你要做電商，或是週期性地需要大空間，還是找比較大間的倉庫合作會比較有保障。

月租倉庫價格怎麼算？

倉儲公司一般在計算月租倉庫價格時，會包含租金、保證金與倉儲費用，收納箱或包材就看各公司的規定了。但主要會產生以下 3 個費用：

1. 每月租金及保證金

月租倉庫有 2 種收費方式，一種是專門做「個人倉儲」，這種就像是租房子一樣會收租金，也會先收 2 個月的租金做為保證金，所以在簽約時，至少要準備 3 個月以上的租金會比較保險。另外有一些倉庫會再簽一張本票，這類的我們就建議你先想想這間倉庫的各方條件，是否真的非它不可。

而另外一種就是專門跟企業合作的，這類就會有倉儲服務費用後收的服務。這類服務通常在進出貨時不會計算費用，只單純計算倉儲的空間使用費。

但為了保護雙方的權益，一般也會在合約內規範，在合約生效後的 3 個月內要有商品入倉，如果沒有，合約自動終止。像這種就不需要另外預付租金跟簽本票，如果你是經營電商，這類服務會更符合你的需求。

2. 倉儲費用計算方式

會影響月租倉庫價格的除了儲位坪數，還包含類型、功能，像你如果需要恆溫裝置、低溫冷凍庫這種特殊裝置，或是較大的坪數等，因為倉儲成本較高，月租價格也相對高。

另外要特別注意的是，倉儲公司計算租金時會用「板數」或「件數」來計算，這時候就要看你的產品到底適合哪種計算方式了。一般的電商倉庫都會按照實際的情況，報出這 2 種算法的合理價格供客戶選擇。

3. 合理的客製化服務收費

如果你對出貨有客製化需求，就建議你找電商倉庫。因為傳

統的倉儲系統雖然也可以出貨，但通常是人工作業，較容易出現紕漏。如果是電商倉庫系統，哪一天出貨、出多少貨，系統上面都記錄得一清二楚，專業的電商倉庫系統還內建商品序號，完全不用擔心出貨有問題。

　　客製化服務該怎麼收費，基本概念是「客製化程度越高，收費會越多」。就像是你如果要求包裝完善，每一個商品放入箱子前需要先包一層氣泡紙，並且為了避免受潮，箱子內還要鋪一層塑膠袋。這樣的包裝精細度當然可以讓商品的受損率降低，但倉庫在出貨的時候，本來 1 小時可以出 200 件商品，加上這類繁瑣的包裝流程後，變成 1 小時只能出 20 件貨，那自然要反映在成本上了。

專業電商倉庫一定能解決的 5 個問題

—— 陳佳苓（Christine），倉儲物流資深經理

　　我誠摯地建議品牌經營者，如果未來有承租倉庫的需求，請儘量找專門的電商倉庫，而不是一般的倉庫出貨。因為在實務上，一般的倉庫出貨情境跟電商倉庫的出貨情境非常不一樣。

　　一般倉庫出貨給廠商時，就是 A 商品 500 件和 B 商品 500 件疊到同一塊棧板上，出一次貨。但如果是電商要出貨給一般消費者，一樣是 A 商品 500 件加 B 商品 500 件，你的出貨需求會是拆成 300 個包裹，並在同一天出貨，而且每個包裹都有自己的貨運單號和出貨資料。

　　很明顯的，前者與後者是截然不同的作業模式，如果你要求一般倉庫去做電商倉庫的服務項目，很可能會來不及出貨或是出錯貨。最後還是品牌要承擔消費者的客訴、貨物折損跟品牌信譽遭受打擊等情況。

　　我列出了 5 個最常被品牌問到的出貨問題，大家可以直接拿來詢問你想要合作的倉庫能不能解決這些問題。

問題 1：要怎麼追蹤訂單出貨進度？

　　專業的電商系統會有「即時貨態追蹤」功能，自動串接您的品牌官網，從接收訂單、開始揀貨包裝、配送完成都有時間紀錄，讓

品牌能隨時掌握訂單狀況。

問題 2：商品保存期限很短，怎麼確保不會讓消費者收到過期品？

可透過電商系統後台的「效期控管」功能，直接設定商品的原始有效天數，並設定良品可出貨的最短效期，讓商品按照效期先進先出。還可以做到「保存期限到期前○天」通知，讓你定期舉辦即期品的促銷優惠、出清商品，避免直接報廢。

問題 3：除了品牌官網，我還有跟很多通路合作上架，電商倉庫會怎麼控管庫存？

可透過系統後台的「多通路分倉管理」功能，直接調整後台數字，將同一批庫存靈活調度分配到通路。

問題 4：我的商品要在 momo 上架，需要組合包裝，還要加貼組合中文標，能不能直接請電商倉庫處理？

不同電商倉庫的服務項目會不太一樣，要先問清楚你想合作的電商倉庫有提供哪些後加工服務。以 CYBERBIZ 為例，我們除了針對沒有條碼的貨品，有提供印製和黏貼條碼的服務，根據各通路的出貨規則，我們還可以提供商品加工組合、改包貼標、外箱標示貼嘜頭 *（Shipping Mark）等服務，再嚴苛的通路出貨標準都不是問題。

---

* 貨物要報關時，需要在這批貨物的紙箱上標示公司名稱、箱號、數量、規格、毛重等與報關單相符的資料，否則遇到海關查驗時可能會降低查驗效率，影響到貨物的到達時間，甚至無法提貨。

問題 5：消費者反應到貨短少，有影片可以證明嗎？

　　電商倉庫提供完整的監控服務，針對每筆訂單，從刷單、分裝、包裝、封箱都全程錄影，未來如果有任何出貨問題，都能在第一時間調閱監控影片提供品牌方查證。

　　找到符合需求的電商倉庫真的是一門學問，無論你想要找哪種倉庫，我都建議你要找有智慧倉儲的系統。**唯有如此，才能從進貨的那刻起，讓產品擁有屬於自己的身分證（Barcode）**。透過現代化的倉庫管理系統（WMS），讓線上與線下整合，同步更新即時庫存狀況，通知忙碌的你何時該進出貨物，並且通知你進倉日期、品項、數量、效期等準確資訊，不需要再頭痛地翻箱倒櫃，最後還出包。

第 10 章

開實體店面
要注意什麼？

 什麼是 POS 系統？

POS 全名是「Point of Sale」，銷售時點情報系統，在零售業中是記錄銷售商品的資訊系統，而在傳統店家中，POS 機是負責結帳、處理訂單的機器。簡單地說，你如果去餐廳點餐，會看到店員拿著你的訂單在一台電腦上面操作，那台電腦就是 POS 機。這套系統很有效地取代了過往大量且繁瑣的人工作業，而現在因為科技的進步，一套優秀的 POS 系統還可以協助你做決策和判斷，減少你的工作負擔。

為什麼開實體門市建議使用 POS 系統？

好的 POS 系統，能幫你解決很多問題。 假設你開了一間服飾店，一開始可能只有進 60 樣商品，每件商品的尺寸和數量，憑進貨單跟手寫帳本還可以應付。但是衣服會不斷推出新品，你的生意規模也會繼續擴大，半年後，你的店面可能擺了 100 種商品，而倉庫裡的商品種類已經高達 300 ～ 400 種了。

在這種情況下，手抄商品修改庫存要花多少時間？盤點又要花多少時間？而且在盤點時如果發現庫存不對，也很難抓出原因。能夠幫忙解決這些問題的就是 POS 系統，哪時候進退商品、由誰處理等過程都能記錄下來，你也不用花時間跟員工諜對諜。

在你決定要不要使用 POS 系統之前，建議你應該先了解自己的店內需求，或是最近面臨了什麼樣的挑戰。再考慮 POS 系統能不能幫上你。以下統整幾個店家常見的問題：

1. 庫存問題

發現商品庫存總是跟帳務本對不上？每次的進出貨都不準，舉辦完一次試吃試用活動又沒好好盤點商品庫存，總是忘了「即時」更新庫存狀況，導致你搞不懂庫存中的那些幽靈商品都去哪了。或是發生店內人員舞弊行為，員工偷偷把商品帶回去竄改帳務資料，而你也沒發現？

2. 帳款問題

商品銷售金額與實際售出的金額對不起來，不論使用現金、信用卡或折價券，金額都不相符？導致客人每次都氣沖沖拿著發票跟你抗議，或是會計在每月結帳日時焦頭爛額還是找不出那些奇怪的費用，或是每天折讓金總是有誤差，難道你真的很衰，店裡總是有一堆被退貨跟品質不良的商品？

3. 流程不順

進貨時你不可能每次都一件件商品進行建檔，希望能輕鬆地進貨後列印出商品條碼、管理庫存嗎？或是客人拿著商品希望退錢或換貨，而複雜又多步驟的方式讓你很困擾？

4. 決策憑感覺

不知道你家哪個商品最熱銷？或是不確定最適合推行哪種促銷方案，導致每次活動結果都不如預期？ A 商品搭配 C 方案，要推銷給怎樣的顧客才對？

5. 轉型困境

疫情期間店裡沒人，想試試看轉型線上？或是想將線上會員與線下會員整合，做好兩邊的客戶關係管理？或是有多種通路管道，想迅速知道即時的庫存狀況，讓訂單匯入、備出貨管理更簡單？

如果你遇到了以上這些問題，就可以考慮導入 POS 系統，它能讓你善用資源，用更加有效的方式規劃未來發展。

4 步驟決定要不要用 POS 系統

現在的 POS 系統，並不是只有簡單的記錄消費功能，還能夠幫助你提高工作效率，包括管理人員、解決會員經營問題、節省傳統營運開銷。舉一個簡單的例子，假設手算訂單加驗算，要 1 小時才能完成；跑 POS 系統運算就只要 1 分鐘，而且還百分百正確。這樣一來，你可以把多出來的 59 分鐘用在思考如何改善服務流程、擴大營業等，或是讓員工準時下班，你不用多付加班費，員工也心情愉快。

建議你透過以下 4 個步驟來思考是否需要使用 POS 系統：

• 步驟 1：使用 POS 系統的目的是什麼？

POS 系統不是每間店都必須使用的，如果你的商業模式很單純，就是每天開張賣麵、關門算帳，那你只要請消費者在菜單上面圈選商品，你再一張張盤點收支有沒有平衡就好。在引入 POS 系統前要先思考，你使用 POS 系統的目的是什麼？有些人是不想要手開發票、有些是不想要手拉報表、有些是想要有完整的進銷存管理

等，只有當你知道自己的目標，你才知道怎麼去找廠商。

• 步驟 2：你的產業適合哪種雲端 POS 系統？

雲端 POS 系統百百種，有些是做通用型，有些是做單一領域，你要考慮你的商業模式適合哪種雲端 POS 系統。以餐飲業為例，牛肉麵店家可能只要知道今天賣幾碗麵即可，外帶或內用對你而言沒有差別；但如果是吃到飽餐廳，每一桌的客人是幾點入店，幾點做最後加點就是很重要的功能；或者你經營的是高檔餐廳，就需要知道各桌客人有哪些特殊要求或服務，備註功能就很重要。

光是餐飲，就有很多種需求了，如果你沒有考慮過自己的商業模式，就隨便買一套 POS 系統，只會讓自己徒增困擾。如果你在零售業，就建議選擇專門為零售門市設計的零售 POS 系統，從結帳、會員管理、進銷存盤點到員工管理一次搞定，用自動化管理幫你提升營運效率。

• 步驟 3：你需要的功能有哪些？

承接步驟 2 的思考，你的商業模式是什麼？如果想讓 POS 機發揮省力效果，你會需要哪些功能，是電子發票和收據、進銷存、收銀結帳嗎？你可以先列好你需要的功能清單，再跟業務討論，你才知道這套系統能幫你多少忙，也可以避免業務推給你其他你用不上的功能。

• 步驟 4：思考你的預算

你願意花多少錢來提高店面的工作效率？如果你手上的資金不是那麼充足，就可以先考慮月租型方案。但當你的目標是提高效

率，效果就比價格還重要，只有當時間被解放了，你才有心力去思考如何幫公司提高業績。而預算有限的情況下，架設品牌官網做網路生意，並同時使用 POS 機幫助實體門市業績成長，是一個 CP 值很高的選項。

零售業如何用 POS 系統賺錢？

許多傳統實體商家因為過往的成功經驗，並未思考在面對網路時代或疫情衝擊時要如何提前準備或應對，結果黯然關店。

馬雲曾說過「實體不能死，虛實整合才是未來王道」的諫言。經過疫情，如果你只做實體門市生意，就會發現：**只依靠人流是不夠的，你無法抵抗大勢潮流**。想要讓業績更穩定，實體門市與品牌官網就必須同步進行，讓線上和線下的業績相輔相成，這才是站穩業績、奠定未來的基礎。

該選用雲端 POS 或傳統 POS 系統？

傳統 POS 跟雲端 POS 系統最主要的差異在於，**當我們可以把資料雲端化的時候，會更容易做出即時判斷**。

簡單來說，假設你手上有 3 間門市，如果你使用傳統 POS 機，那大概一個月要跟各店店長開一次會，手上的數據是上個月的營收數字，可能會有店長說他看到這個月的某商品賣得特別好，他下個月會多進點貨，也提供給大家參考。

所以你是到了每個月的匯報時，才知道各門市的上個月銷售狀

況，然後藉此來做為下個月的判斷。當你下個月正式實行方案，你的依據其實是 2 個月前的數據，會不會在這段時間中市場早已產生變化？

當大家都是用傳統 POS 機時，起跑線都一樣。但如果你的競爭對手用了雲端 POS 機，想要什麼資料只要 3 秒鐘就能調出來，還可以安排人力每天固定監控各店的銷售數據，如果要調整策略，就是「今天發現，明天調整」。這樣的決策速度只須一天，相對於傳統的 60 天，決策速度可以達到傳統的 60 倍！

你覺得長期下來，哪一間公司的勝算更大？當你無法即時接收到門市銷售報表，你就無法及時調整銷售策略。零售市場變化快速，隨時都在改變販售的方式，爆紅商品層出不窮，**你要隨時關注商品的曲線表，才能穩定住業績。**

近年來，零售業市場的購買行為不斷改變，經營思維也不斷被翻轉，實體門市的 POS 機功能也逐漸多元，Point of Sale 中的「Sale」逐漸轉變為「Service」，與後端主機連結，發展出更多系統功能。如果善用雲端 POS 系統的功能，就能提升你的營業額，讓業績蒸蒸日上！

誰適合使用傳統 POS 系統？

如果你只有一間實體門市，沒有打算擴展其他銷售通路，也不需要做網路販售，只需要知道每天進退多少貨、收入和支出是多少，這些非常基本的功能，那傳統的 POS 機其實就可以滿足你的需求。

也就是說，如果你根本不在乎誰跟你買（會員管理）、他們多

久會來買一次（回購型消費）這類問題，那雲端 POS 系統的許多功能對你來說應該都派不上用場，自然就不用特地使用雲端 POS 了。

誰適合使用雲端 POS 系統？

反之，如果你想把網路行銷技法用在實體門市，而且**在乎誰跟你買（會員管理）、他們多久會來買一次（回購型消費）**，那雲端 POS 系統就是你的不二選擇。

傳統 POS 系統是 1990 年代開發出來的系統，至今已經有 30 年的歷史，所以很多功能都已經過時了。許多店家沒有換成雲端 POS 系統的原因是，他們也知道雲端 POS 系統是現在的趨勢，但是因為傳統 POS 機裡存放了幾十年來的資料，換系統勢必會經歷一次大地震。但這就是溫水煮青蛙，如果一天不處理這個問題，你跟競爭對手的差距就會不斷擴大下去。

表 10-1　傳統 POS 系統、雲端 POS 系統比較表

	傳統 POS 系統	雲端 POS 系統
外型體積	1. 體積較大 2. 機體須插電使用，電線雜亂	1. 體積由你的載體決定 2. 可無線使用 3. 隨處帶著走
平台作業	受限同一個作業系統架構，例如只能使用 Windows、macOS 等	能開網頁就可以用

基本功能	1. 基本倉庫進銷存系統 2. 資料存在主機裡 3. 制式系統，不易修改 4. 介面複雜，不易學習	1. 基本倉庫進銷存系統 2. 資料雲端保存可即時傳送 3. 依產業不同，可客製功能 4. 使用者介面優化，操作簡易
整合行銷	無	1. 內建多種行銷工具，如商品組合搭配優惠、再行銷簡訊、EDM 發送、定期回購、分潤機制 2. EC 平台複合式行銷工具 3. 與 OMO 會員整合
售後服務	1. 硬體維修須送原廠 2. 提供企業客製化訂單	1. 遠端維修處理，搭配顧問售後服務 2. POS 系統課程教學、行銷課程

安全性比較

　　傳統 POS 系統的資料都是存在主機裡，如果你沒有進行備份或硬體損毀，資料便會消失得乾乾淨淨。同時也要定期檢查備份的硬碟功能是否正常，不然很有可能因為保存環境不良，導致資料損毀，也會救不回來。

　　但如果你是使用雲端 POS 系統，就完全沒有這些問題，因為系統和運算都直接放到雲端，就算電腦突然當機，資料也都存放在網路上，不用擔心消失，更不用擔心安全性問題。

更新難易度比較

不論是傳統 POS 系統或是雲端 POS，都會有庫存管理、銷售紀錄、客戶資料等基本功能。根據廠商不同，各家也會有其他不同的功能，例如簡訊功能、串連刷卡機等。

傳統 POS 系統通常採取買斷制，依照各家廠商有不同計價方式，大多數都是整套硬體設備一起販售，之後如果不需要了，也可以進行二次轉售。

缺點就是**傳統型內建功能多為制式，因為要方便銷售，把所有的功能都整合在系統裡，要增加或修改功能是很困難的**。所以極有可能你明明是做零售業，卻發現系統裡多了餐飲外帶的功能，白白占了系統空間；或是雖然有庫存系統，卻不支援多間分店的庫存管理。如果你買完後才想要其他的服務，就需要額外付費。

雲端 POS 系統就很多元化了，要能管貨也要能管人，管貨方式跟傳統 POS 系統相似，一定會有庫存進銷存的功能，讓你能隨時存取商品資訊，完成訂單之後立刻減掉庫存數量。

雲端 POS 系統最大的好處就在於它能夠即時傳送資訊，不論是商品庫存數量還是銷售狀況，都能即時轉換成資訊圖表，即便身處家中的你也能看到店裡目前的銷售狀況，還能夠分析出各門市的營收狀況、商品銷售如何，能夠利用銷售報表挑出有競爭力的商品、不適合的商品。

雲端 POS 系統才有的功能

雲端 POS 系統可以直接串接品牌官網，當然就可以使用很多

過往只有品牌官網能使用的行銷技法，你不必區分會員是從線上來的還是從線下來的，直接用行銷活動洗一輪，訂單就會如雪片般飛來。

1. 即時銷售報表及銷售分析報告

傳統 POS 系統需要自己手動回傳銷售報表，雲端 POS 系統能夠即時回傳報表，即便你在家也能看現在店內業績狀況。利用快捷的數據銷售狀況分析，能夠清楚知道店家目前的商品銷售狀況。

試想，你的服飾店進了一堆商品，卻不知道實際上哪些商品賣不好時該怎麼辦？年輕人買的東西跟老年人買的東西一定有差，針對不同族群就應該做不同的促銷偏好，而雲端 POS 系統的好處就是能直接幫你列出每日詳細的銷售報表，還能用圖表化的方式呈現，免得你看到一堆數字就頭昏眼花。

2. 知道準確庫存，快速找出須淘汰的商品

很多時候你的商品並不是不賣，而是這些商品在這個門市不賣，不同的商圈會有不同的消費者，在某商圈賣不動的商品也可能是其他商圈的暢銷品。但暢銷是有時效性的，如果你沒有即時調整庫存，讓你的暢銷品變成滯銷品，最後只能打折虧本。那你要如何快速且精準地知道各門市的庫存呢？

沒有雲端 POS 系統的時候，有些門市會統整在雲端表單裡，然後每天下班前複製一張新的表單來修改。這種做法雖然可以幫你解決當天的庫存調貨問題，但沒辦法看長期的庫存變化跟銷售規劃。而這對雲端 POS 系統是完全不成問題的，跑報表連 1 分鐘都不用。當我們透過雲端 POS 系統自動追蹤銷售狀況，即時反應每

樣商品的銷售，才能適時汰換掉那些不適合的商品，讓它到會暢銷的地方。這樣才能替你省下更多的庫存空間，讓熱賣商品有更好的地方存放。

千萬不要讓你的錢都壓在倉庫裡，要想辦法讓錢快速流通。**小型零售商最常遇到的問題就是被過多不必要的庫存給壓死**，當滯銷商品占用倉庫大部分空間，導致熱賣的商品因為沒地方放而影響進貨數量，銷售業績自然越來越慘。

想要讓生意越做越大，走更多通路管道，就一定得更了解你的商品庫存狀況。想想如果你的實體店面和網購都有一堆訂單，但卻沒有足夠的庫存可以賣，那會有多慘？

有訂單卻沒東西出貨是一件很悲慘的事，想避免發生跟錢過不去的問題，還是要乖乖做好庫存管理。一套好的 POS 系統對於庫存管理能有即時且快速的回饋，隨時追蹤商品的完整目錄，無論是陳列還是儲藏都沒問題。

3. 串接完整 CRM 會員管理系統

實體門市雖然可以接觸到活生生的顧客，但還是有很大一部分人不喜歡加入會員。透過網路你可以輕鬆得到會員資料，但到了線下就只能靠感覺嗎？

只要你的雲端 POS 系統有串接品牌官網的會員系統，就可以大幅減少這樣的問題，你只要請消費者報個電話，只要是會員，就可以查到他的消費紀錄、會員等級，還有最重要的備註功能（告訴你這個會員的過往紀錄、難搞程度）；不是會員的，也可以直接報電話註冊會員，會員資料直接同步到系統，讓你門市來了多少客戶，就收多少會員。

4. 完美發揮行銷技法

不同於傳統 POS 系統，雲端 POS 系統有許多行銷工具能夠使用。例如你店裡有多種商品想要做買 2 件 75 折、買 1 送 2 等活動，用傳統 POS 機就得先手算一遍再輸入系統，非常麻煩。雲端 POS 系統能夠幫你解決這些問題，商品的多種優惠活動不論是紅配綠還是黃配藍，都沒問題！

舉例來說，你可以跟 KOL 談合作，請他幫你拍一支宣傳影片，看過影片的顧客，到門市消費時只要報上 KOL 的推薦碼，一律打 9 折，而且每筆訂單都可以讓 KOL 抽 10％。類似這樣的推薦碼折價活動，也可以透過雲端 POS 系統完成。

5. 用 OMO 整合虛實通路

現在這個時代，大家都在講消費者體驗，因為可選性太多，所以消費者會更傾向選擇消費體驗好的服務。而當你的品牌官網沒有跟線下 POS 系統做好串連的時候，對消費者來說體驗是很差的。他很可能會遇到這樣的狀況，明明已經加入了你的門市會員，在門市消費了 1 萬元，結果他還要另外註冊線上會員，重新累積 VIP 升級的門檻。如果你是這個消費者，會不會覺得莫名其妙？

藉由 OMO 完成線上與線下的通路整合，提供消費者更全面的消費體驗，才能擴大你的客戶群，讓他們進入你的商店消費。現在消費者的購買行為不拘於一種型態，不會去了實體店面就不在網路下單，也不會只在網路下單，因此你應該提供給消費者更多的購物選擇方式。

很多人都是在線上查資料後，才決定購買，而這時候品牌官網就是提供給消費者線上型錄的概念，讓消費者能先看過你有什麼商

品後才進一步購買。架設好品牌官網,就能解決實體店面會遇到的地點、時間與空間的問題,即便店面打烊的晚上也能讓消費者到品牌官網下單,這個就是 OMO 的魅力所在。關於 OMO 的優勢,我們在本書的第 12 章會有更詳細的討論。

雲端 POS 廠商怎麼挑?

坊間有非常多 POS 系統廠商可以選擇,還有強調專門給零售餐飲使用的 POS 系統。但買 POS 系統時如果沒做好功課、被業務誤導,後續無論是上架商品、清點庫存或是計算銷售等,都會帶來很多困擾,不僅傷了荷包,還會浪費自己的時間。

我們就曾遇過這類型客人,他們家主要是賣些零食、巧克力的小店,本來以為 POS 系統用來管貨很方便,就買了餐飲 POS 系統,結果發現根本不能滿足他的需求,但買了也只能硬著頭皮用。用到後來真的不行,就跑來詢問我們家的 POS 系統。所以如何挑選適合自己的 POS 機是一個不能輕忽的環節,POS 系統是用來幫自己省力跟賺錢,而不是讓自己越來越火大的。

4 步驟教你找到適合的雲端 POS 系統

1. 自動庫存管理

POS 機的強項就是庫存管理,所以這一塊本來就要強,當你在評估 POS 廠商的庫存功能時,建議你先確認他們的庫存報表是否

夠詳細。只有詳細的報表，才能幫助你做出正確的進退貨判斷。

2. 銷售報表資訊

現在的 POS 系統一定要有銷售報表的資訊，畢竟每個月的業績、季業績是你的心臟，要是不知道你的門市心臟狀況如何，連急救都來不及了，直接跟業績說再見。

問題來了，雖然每家廠商都說自己的 POS 系統有銷售報表，但用過幾間 ERP 系統轉 POS 系統的廠商就懂，這類廠商的銷售報表其實長得很陽春，而且介面跟 ERP 系統相似度滿高的，只是直接把營業額的數字顯示出來而已，有些可能還無法匯出 Excel 表。

千萬不要被一些功能名稱騙了，表面上名稱看起來大同小異，但實際用起來差很多，所以在評估時一定要多注意，例如能否把銷售報表轉換成圖表資訊，能否篩選出特定日期、月分的資料，或是將某間門市獨立拉出來，一清二楚地顯現出該門市的銷售狀況。當有了這些功能時，你就很容易去判斷到底是哪幾間門市的生意最好，又或是哪些門市的哪些商品賣得最好，更加清楚門市的滯銷庫存、活動成效等資訊。

所以在比較銷售報表資訊的功能時，你可以思考一下，**對你來說哪些數據是重要的呢？這間廠商的系統是否可以提供這些數據？**例如快時尚的店家，就會比較重視能否及時反映每一週的銷售狀況，某樣商品的長期銷售趨勢可能是其次。

3. 完善的行銷功能

關於行銷功能至少有 2 點需要考慮。第一是你是否常做活動，第二是你是否需要對單一商品或特殊商品做折扣或優惠。如果你不

太常做行銷活動，又或是你的活動都很簡單（例如全店 9 折、滿千送贈品），那你就不需要太關注行銷活動的功能。

但如果你想要做一些比較複雜，能吸引消費者的行銷活動，就要特別注意！因為有些雲端 POS 系統只能做到很簡單的購物總金額打 9 折，甚至連計算折扣的功能都沒有。

在比較行銷功能時，要注意是否能執行多樣化的行銷活動，像是紅配綠、任選 2 件 8 折、第 3 件再 9 折、加價購，或是用遊戲輪盤給消費者抽折價券等。以及是否有做到 EC 同步，讓消費者在門市登入會員時，可以直接使用線上的行銷活動優惠券，你也會輕易知道之前投的廣告或 EDM 到底有多少消費者使用。

當 POS 已經串好官網的會員系統，我們只要先把折價券提供給消費者，就可以直接讓店員去選優惠券，你也不需要消費者幫你記一堆資訊。

4. 操作介面簡易

介面操作簡易是一件很重要的事，不會讓你的員工因為介面複雜而影響結帳時間，當消費者等得不耐煩了，就有可能棄單離開，冗長的等待過程會讓你損失更多消費者。良好的使用者介面會影響用戶的心情，連你家的員工也是，要是你的介面複雜到誰都看不懂，操作的過程就會花一大段的時間，這樣其實非常可惜，即便你再用力行銷都還是會有所影響。選擇操作簡易的介面，才能讓新員工更快上手，不容易遇到卡關的問題。

POS 功能越多越好？

現在 POS 系統的功能越做越複雜，原因是門市對於 POS 系統的要求也隨著網路的升級越變越多。像以前的傳統 POS 系統是不需要連網的，但因為現在網路很方便，就會要求傳統 POS 系統能夠在當天營業時間結束時，自動連網回傳資料。所以有些傳統 POS 系統為了因應客人的需求，會直接一股腦地把所有功能都灌入系統裡。這樣其實會有一個問題，使用者的 POS 界面會變得很複雜，當然業務會跟你吹噓說，功能齊全就不用擔心未來的擴展問題。

但當 POS 系統的功能介面太複雜，如果有商品的條碼刷不過，店員就可能必須切換好幾次頁面去點選這個商品，所以每次遇到條碼刷不過的時候，櫃台一定是排隊排到爆。

所以建議你在挑選雲端 POS 系統的時候，要考慮這個系統提供的功能，你到底是現在就會用上，還是未來 5 年內都用不到呢？如果你只是為了未來不一定會用到的功能而選擇了很複雜的 POS 系統，除了多花錢，還會需要更多的員工教育成本與時間。

挑對雲端 POS 系統，才能更進一步

POS 系統不僅是用來管理你的進銷存系統，它還能提供你會員經營管理、行銷工具、銷售報表數據整合、圖表分析功能，而這些都對於營運店面更有幫助，鐵定能為你帶來更多營收。

前面分享了如何從功能面去挑選 POS 機的廠商，但因為雲端POS 系統可以不斷更新，所以我們建議你在評估 POS 系統時，除了功能本身，還要思考這間 POS 廠商的布局。像 CYBERBIZ 自己

開發 POS 系統跟品牌官網,所以無論你未來要發展線上銷售,或是你想串接線上線下的會員系統,做到更好的行銷規劃與會員服務,都可以透過同一個系統來實現。

不用雲端 POS 系統也可以做生意,但是唯有使用了更有效率的工具,讓自己跳脫慌忙困境,你才有機會思索未來以及打破現有僵局。

雲端 POS 機對門市有哪些好處?

雲端 POS 系統的優點就是管貨也管人,究竟雲端 POS 系統可以如何協助門市的工作,幫助門市人員減少不必要的重複勞動,讓員工可以更專注在銷售上呢?

優點 1 不受地域限制,不須擔心客訴

一般門市都是全年無休,所以門市人員大部分都是輪班制。這樣很容易遇到一個問題是,客人上禮拜來找 A 店員買商品,然後下禮拜來門市時,直接問 A 店員在不在。但是 A 店員剛好休假,變成 B 店員接待。這個客人就開始說,A 店員跟他承諾某個優惠,或說他是 A 店員的老客戶,要你給他優惠。

如果你用的是傳統 POS,你只能笑笑地跟他打太極,然後趁客人在逛街時,緊急打電話給 A 店員確認。但如果你用的是雲端 POS 機,就可以直接請會員報他的電話,馬上查出他的歷年購買紀錄、VIP 等級、有什麼優惠券可以用。

優點 2　幫助店長快速調整門市活動

　　每天的進退貨、銷售報表一鍵生成，而且不是生硬的數字，是直接幫你畫成資訊圖表。不用等到月底的績效報告，門市最近暢銷商品、哪種行銷活動有效，皆一目了然。這些資料才能幫助你更具體了解每一間門市的銷售狀況，透過雲端 POS 系統，讓門市同仁不用把時間浪費在整理資料上，直接一鍵生成趨勢圖表，隨時有問題，隨時討論做出對策。

優點 3　做更多行銷活動，但店員更輕鬆

　　去便利商店買東西時，當你問店員某商品現在有什麼活動、有沒有打折，你可能會看到店員頭一歪，直接拿商品來刷條碼，看一下螢幕之後告訴你現在有什麼行銷活動。你就知道，他們沒有特別去背最近的行銷活動，畢竟每天都有新的行銷活動推出，當然很難有時間記下全部的行銷活動。

　　但是想要把業績做漂亮，就一定需要有行銷活動來刺激消費，如果你用的是傳統 POS 機，你就無法做太複雜的行銷活動。因為所有的活動內容都要讓店員記得，如果記錯就可能引發客訴。所以許多用傳統 POS 機的門市舉辦的行銷活動通常是全店打折或滿額送商品，因為店員還需要自備計算機來算折扣金額，所以如果有時「A 活動的商品打 9 折，B 活動的商品第 2 件打 75 折」同時進行，你就會看到店員拿出紙在計算公式和驗算了，最後也只能妥協做很簡單的折扣活動。

　　但每個產品的成本結構和消費者的認知都不太一樣，暢銷的 A

產品可能打個 95 折就可以促進購買，銷量普通的 B 產品可能需要打到 79 折才會提高銷量。如果你為了避免活動出包，只能採取全店 9 折的行銷活動，那最後就是暢銷的 A 商品賣很多，銷量普通的 B 商品賣一些。雖然業績一樣有增長，但是你的淨毛利未必漂亮，因為 A 商品本來 95 折就賣得動，賣 9 折其實變成少賺錢。這個問題對雲端 POS 系統完全小菜一疊，透過系統後台設定好活動，門市店員只要刷一下條碼，系統便直接幫你算好折扣活動，完全不怕出錯。

店員刷條碼就算好行銷活動，這也是便利商店先開始做，而且持續使用的方法。如果你也是使用雲端 POS 系統，就可以跟便利商店一樣玩各式各樣促進銷售的行銷活動了。

優點 4　沒有規格限制，能夠上網就能使用

去一些比較傳統的商家，可能會看到結帳櫃台擺了一台很大台、按鍵顏色五顏六色的機器，那個就是傳統 POS 機。傳統 POS 機的缺點就是需要一個固定的空間才能使用，因為會有線路問題，你的櫃台也需要另外設計。

但雲端 POS 機就沒有這個問題，只要可以連上網路，無論是桌機、筆電或平板都可以直接使用。使用的設備選擇上很彈性，如果你是裝在筆電或平板上，還可以隨便移動。

優點 5 利用電子標籤，降低錯誤率

一間中型商店平均一個月要更換 3,000 個標籤，更換一個標籤就是一次的犯錯機會，更換 3,000 個標籤就是 3,000 次的犯錯機會，所以你也不用驚訝為什麼每個月都會有客人來吵貨架上的價格跟實際商品不符了。

之前曾有客戶與我們分享經驗，**他平均解決一個客訴的時間至少可以替 2 個消費者完成結帳。**所以當我們能降低客訴次數，實質上就是在增加工作效率。但是你不可能一年到頭都賣一樣的商品，而且都不辦行銷活動啊！所以更換標籤是一定要做的事情。

我們常會跟客戶建議，如果一件事情能自動化完成，就儘量自動化完成。因為現在無論任何產業，最貴的永遠都是人力。**當你能透過自動化流程解放人力的時候，你就可以少僱一個人，或是讓這個人去從事更有生產力的工作。**

店裡的特惠商品不會只有一支，每個月活動檔期的特惠商品也不會只有一個，一個月數十來支的商品都要換標籤。而電子標籤就是一個可以幫你解放人力的好用工具，只要進後台更改，店內所有商品馬上同步，不用擔心標籤的任何客訴問題。

電子標籤還有一個很大的好處是，可以直接置入 QR 碼，如果你的新商品有一支很強的宣傳影片，就可以直接導到 YouTube，或是你可以直接把消費者導到品牌官網的商品頁，讓消費者看這個商品的詳細介紹，也不用擔心消費者會突然把店員攔下來，然後一問三不知。你只要教育店員，消費者想了解更多產品的資訊就掃一下 QR 碼，再搭配店員的銷售話術，消費者就會不自覺地把商品放到購物籃裡。

台灣已經有幾間賣場開始在商品標籤上放 QR 碼了，有些是食品上，掃描後就能看到食品的熱量和成分。透過這個方式，也讓商品資訊變成一種附屬價值，更加觸發消費者購買的動機。

或者像家樂福提供消費者比價，你可以讓客戶掃描商品後，進入比價網之類的地方，提供商品比價。告訴消費者你的商品最低價，進而維持「天天最低價」的店家定位。

優點 6　利用電子看板，提高門市營收

如果你有去過全家便利商店，應該就對電子看板不陌生，有些門市的對外窗上會有電子看板，隨時打廣告，曝光最新商品的資訊。

這種電子看板是非常方便有效的，你一定曾在吃飯或逛街時，看到店家明明都已經 9 月了，還掛著 7 月的活動海報。但如果是電子看板就不同了，只要系統設定好，就可以在早上 7:30，推出專門給上班族看的咖啡廣告，中午換成午餐限定優惠，晚上自動變成健康餐的廣告，隨時都能更換，還不用花費印刷費用。

而且電子海報最棒的地方就是他可以做動態的，根據英特爾公司（Intel）的一項報告指出，數位電子看板比起一般靜態看板，吸引的觀看次數高達 4 倍之多。這個數字看起來雖驚人，但也合理，動態的影像本來就比靜態的圖片更容易被眼球捕捉。而且 CYBERBIZ 的電子看板還有搭配人臉辨識功能，可以直接辨別經過的人是男是女，讓你依照性別來選擇投放的海報，真實提高消費者的購物慾。

資深顧問來回答！

挑對 POS 機，員工都不用加班了？

—— 陳又維（River），商務拓展經理

「您好，請問有會員嗎？有的話請先報一下電話號碼⋯⋯」現在不管去哪裡消費，這似乎已經成為店員固定詢問的問題。

現在的 POS 機已經不只是單純的結帳機，除了記錄銷售貨品的數量、價錢，還要幫你記錄會員的資料，才能做後續的會員再行銷，更甚者還能協助店員上下班打卡、處理一些店內庶務，就像是實體門市的大腦，需要怎樣的資訊都能直接透過 POS 機快、狠、準地查詢。

我有個印象深刻的客戶拜訪經驗，對方是在眾多百貨公司賣寢具的品牌，當天除了老闆，店員也出席了，他們說門市很常被客訴，一番詢問下，原來客訴的理由都不是商品不好，而是現場給顧客的感受不好，像是結帳動作太慢、查詢庫存還要打電話問個老半天，連自己的 VIP 會員都認不得等。商品的好口碑還沒傳出去，就已讓新客人不敢上門，連自己的員工也嫌棄每天門市要打烊時，還需要將營業報表、庫存表等表單帶回家整理，在這個奉行準時下班的社會，伴隨而來的就是店員的高流動率。

在抽絲剝繭後，這些狀況都是來自於現場店員的作業流程不夠數位化，導致很多事情明明數位化後只要 1 分鐘，卻要用人工以 10 倍以上的力氣才能處理。但是顧客只要有 1 分鐘不好的體驗，就

可能永遠不會再上門。你是不是也有過等待太久，最後棄買的經驗呢？而這些惱人的事其實只要一台雲端 POS 機就可以幫忙搞定。

一台優秀的雲端 POS 機不只可以解決上述遇到的問題，更可以透過蒐集到的各種數據來提升營收，像是可以協助店員快速調整行銷策略、進貨選擇，來壓低庫存，提升資金周轉，甚至還可以搭上官網來應用各種新零售時代會遇到的消費情境。

門市跟電商最常因為業績而互相對立，但雲端 POS 系統可以透過「分潤」功能，**讓店員擺脫時間與場域的限制，就算下班還可以持續做業績**，這樣的加班哪裡還會人人避之唯恐不及呢？

過去幾年盛傳發展無人商店發展是為未來趨勢，沒有員工就不會有加班的問題。但這些年看下來終究還是以失敗收場居多，原因除了投入的硬體設備太高，或是核心技術尚未成熟的原因，最重要的還是「人」的問題。

消費者喜歡的還是有溫度的服務、有人的互動，店員終究不是冰冷的機器能夠替代，提供商品價值外的服務體驗更是店員獨一無二的價值，這也都是消費者對於品牌印象的一環。其實只要挑對適合的 POS 系統，店員同樣能夠像無人商店一樣，做到蒐集數據或精準行銷，結果一樣能令人滿意。

第 11 章

想把東西賣國外
該怎麼做？

 何謂跨境電商？

　　因為科技的不斷進展，許多開店平台提供了跨境銷售的相關串接功能，讓想要做跨境電商的品牌能有更多選擇。

　　你可以想像嗎？在台北的公寓裡，不到 5 個人的小公司，卻遙控與操盤著跨境電商每個月 25 萬美元以上的營業額與數以千計的訂單物流，實現「小團隊、大生意、賺美金」的成績。這就是跨境電商的魅力。

想做跨境電商，美國是最好的第一站

　　不想再做不斷下殺的折扣戰、或是想經營品牌和提高利潤，請將目標瞄準美國這個消費力強大，且重視品牌和品質勝過價格的跨境電商市場。當我們在美國站穩腳步之後，就可以落實跨境電商賣向全球市場的穩固基礎。

　　以下是我們建議以美國做為跨境電商首站的原因：

1. 北美市場的規模是台灣市場的 45 倍，市場潛能是 6 兆美元
2. 北美電商占比雖成長 18%，但占整體零售市場不到 2 成
3. 2020 年電商占零售市場雖為 14.5%，卻已創造超過 7,100 億美元的銷售額
4. 至 2022 年為止，電商占比持續提升，創造近 8,600 億美元銷售額

比起近年來流行的東南亞市場，北美市場基礎建設更加成熟、

含金量更高。所以，要選就選美國電商市場，池子大，撈到魚的機率也大。

跨境電商有哪些交易模式？

當我們想要進入跨境電商領域時，除了考慮該地區的語言差異，物流管理跟銷售通路也會是很重要的一環，而我們也應依據自身的狀況來決定交易模式，一般來說會分成以下 4 種：

1. 跨境直運

跨境直運就是消費者直接透過網路電商下單，將商品直接寄送給消費者。像現在有很多台灣的消費者會透過 iHerb 購買保健食品，商品會從美國寄來台灣，並且用黑貓宅配送到你家。iHerb 可以切換多國語系跟多國貨幣，就能接觸不懂英語的消費者。

這個模式的優點是你的經營跟管理門檻較低，因為只需要管一個網站。還有另外一種做法是直接為該國建立屬於該國語系的官網，像是亞馬遜（Amazon）就有建立亞馬遜日本站，這類做法可以讓該語系的消費者體驗到更好的服務，但是在監管上就會比較有難度。

而跨境直運的缺點就是你的商品是由公司所在地出貨，所以物流成本會偏高，待貨時間也會偏長。例如在 iHerb 買保健品時，從下單到拿到商品大概會需要一週甚至更多時間，除了比本地配送還久，也可能會卡在海關，或是超過一定金額要繳納進口稅等，這些都是要考量的物流成本，這樣的商業模式會比較難快速拓展市場。

2. 與跨境平台合作

這種模式是直接將商品上架到跨境平台，讓消費者選購。就像是你把商品上架到 PChome 之後，消費者是在 PChome 的網站上面購物，並且交由 PChome 收款、出貨、開發票。這個交易方式的優點就是幫你省去處理物流的心力，只需要把貨寄到平台商的物流倉，就可以等著賺錢。

缺點就跟我們前面章節提到的電商通路平台一樣，抽成高、很難建立品牌。另外還有一個要注意的是走國際運輸會有時間成本的問題，空運可以抓 7 天內、海運至少一個月起跳。除了運輸時間，商品入倉還需要排檢查的時間。以美國為例，**如果你遇到聖誕節這種大節日，你最好提前一兩個月入倉，再扣掉運輸時間，你大概半年前就要開始備貨。**

3. 跨境平台代出貨

這是另一種新模式，像 CYBERBIZ 的北美站點已經串接了亞馬遜的 FBA 物流系統（Fulfillment by Amazon），消費者除了可以在亞馬遜購買該品牌的商品，也可以直接到品牌官網下單，讓亞馬遜的物流系統出貨，讓消費者一樣可以享有亞馬遜物流的服務。這種模式的好處至少有 4 個：

(1) 不需要另外準備物流與倉儲系統
(2) 提供給消費者更多的選擇，你同時能累積會員
(3) 提供消費者信任的貨運服務
(4) 提供快速到貨服務，降低消費者的退貨率

正因為這種模式的好處很多，讓你同時可以上架亞馬遜跟建立自己的品牌官網，現在是很多做跨境電商品牌首選，像奧本電剪就是跟我們的合作對象之一。

4. 落地經營

落地經營就是指商家直接在當地開設分公司，讓消費者透過網站下單後，直接由公司出貨，這種模式的優勢就是可以直接跟客戶接觸、在遇到狀況時快速反應以及可以掌握當地的消費趨勢。但這個模式的營運成本極高，除了要克服文化、語言跟人才聘用的問題，還可能有天高皇帝遠的情況。過去曾有許多企業都是因為海外分公司出狀況，而影響企業形象或造成營運困難的情況。

以剛才提到的這些跨境電商交易模式來說，許多想要進軍跨境的企業都會採用「跨境平台合作＋跨境平台代出貨」這種模式，讓商品除了在亞馬遜銷售，另外建立一個品牌官網來做銷售，並共用同一套倉儲出貨系統，省去倉儲物流的管理麻煩，也就是出一分力氣，做兩件事情。

如何利用跨境電商平台亞馬遜賺百萬美元？

亞馬遜致力於打造「對消費者最友善的平台」，亞馬遜成立 18 週年時，創辦人貝佐斯（Jeff Bezos）曾發表公司宗旨：「成為地球上最以消費者為中心的公司，消費者將能在網路上探索發現任何想買的東西。」

什麼是對消費者最友善？我們每個人下了班都是消費者，那

對我們來說怎樣的購物體驗最友善？當然就是「越快到貨越好」跟「東西賣得越便宜越好」。

當我們用這 2 點去看亞馬遜的公司策略就豁然開朗了，因為要讓商品「越快到貨越好」就有了快速到貨的服務，因為要讓「東西賣得越便宜越好」就有了自有品牌的進駐，反正訂單成交的 6%～20% 手續費也只是左手轉右手，給消費者更便宜的價格是完全沒有問題的。

跨境開店僅經營亞馬遜的危機

當亞馬遜要給消費者讓利時，會被犧牲的人是誰？就是品牌商！對於亞馬遜來說，商品只要賣掉就有手續費可以抽，是誰賣掉根本無所謂，就算品牌商打得血流成河，他還是可以坐收漁翁之利。所以，在亞馬遜銷售產品時，每個品牌商都會遇到的困境是：

1. 抽成高
2. 易陷入價格戰
3. 很難做自己的品牌
4. 沒有辦法累積會員
5. 無法做再行銷與許多行銷技法

除了上架需要審核時間，你還必須按照亞馬遜的規矩辦事。沒辦法，在亞馬遜上架商品就是跟人家租房子，房東要漲價就漲，要調降你的排名或是封鎖你的帳號，你都沒有辦法反抗。

危機解法：同時做品牌官網

品牌商入駐亞馬遜時雖然會遇到很多問題，但絕不能因為這些問題就放棄這個數千億美元和 3 億會員的廣大市場，所以我們會建議你在入駐亞馬遜的同時，跟開店平台合作建立自己的品牌官網。

在品牌知名度已經打開，並且官網已經有穩定訂單的時候再考慮要不要放掉亞馬遜。所以我們建議你可以找一間有布局美國跨境電商的開店平台，協助你在亞馬遜上架商品。

你的商品可以同時在自己的品牌電商和亞馬遜做銷售，而且庫存數字會跟亞馬遜的倉庫連動，也直接從亞馬遜的倉庫出貨。這樣你的銷售基礎就是亞馬遜裡的 3 億位註冊會員再加上你原本的品牌會員，你也可以透過一些行銷技法把這 3 億位註冊會員變成你的忠實會員。

透過表 11-1，你可以很清楚看到許多我們在亞馬遜做長期經營會遇到的問題，都可以透過品牌官網直接或間接地解決掉。

但也必須坦白地說，亞馬遜已經在美國經營快 30 年，消費者都很習慣在亞馬遜買商品了。就算你想要直接做品牌電商，不加入亞馬遜也很難。因為對於美國的消費者來說，他們除了習慣在亞馬遜購物，也很習慣 FBA 的快速到貨。你想一下，現在台灣的消費者有多依賴快速到貨就知道了。

表 11-1　亞馬遜與開店平台的比較

	亞馬遜	CYBERBIZ
抽成	高（6%～20%）	低（2%）
商品競爭度	商品競爭激烈	自家商品，無競爭關係
品牌形象	很難建立	快速建立
會員經營	緊握 3 億註冊會員	能透過行銷技法，把亞馬遜的會員吸引過來
提供金流服務	有	有
提供物流服務	有	使用 FBA 系統，消費者享有亞馬遜同等服務
行銷手法	投外部廣告、買版位	分潤、定期定額、EDM、各種廣告投放、內容行銷、口碑行銷
危險度	可能被封鎖帳號	自行掌控

為何建議你找開店平台合作？

你或許會想，自己就可以在亞馬遜上架商品，或是串接像 Shopify 這類的北美開店平台來做品牌官網，為何還需要找台灣的協作單位？這問題當然是沒錯，只是你想要花多少時間來處理這件事？我們簡單用一張圖來檢視你在亞馬遜上架會需要走的流程。

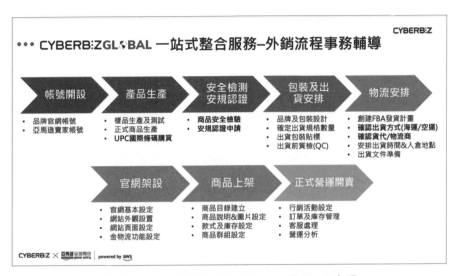

圖 11-1　上架亞馬遜需要經過複雜的步驟

　　這些流程你當然都可以自己走完，但是光是讀規定細則和找合作廠商就不曉得要花多少的時間了。簡單舉一個產品主圖的上架規範，讓你更清楚：

1. 主圖的背景必須是純白色
2. 主圖不能是繪圖或插圖，而且不能包含不在產品內的配件、道具
3. 主圖不能帶品牌標誌和浮水印（產品本身的品牌標誌是允許的）
4. 主圖中的產品最好占圖片 85％左右的空間
5. 產品必須清晰可見，如果有模特，模特不能是坐姿，最好站立
6. 使用模特必須是真人模特，不能使用模型

7. 不能包含裸體資訊

　　僅僅是一個主圖上傳而已，就有這麼多需要注意的眉角，就算你都解決好了，你還會遇到以下這些問題：

1. 亞馬遜不會給你會員資料，你每個月都要重新開始銷售策略
2. 要不斷與大品牌打價格戰，獲利始終有限
3. 商品頁能夠設計的空間有限，讓品牌印象很難建立
4. 平台抽成高昂（亞馬遜平均 15％），壓縮你的獲利空間
5. 平台可能會直接封鎖你帳號，讓你隨時活在恐懼之中

　　這些問題跟台灣的電商平台合作時會遇到的問題一樣，而且像 PChome 跟 momo 目前還沒有自有品牌，但這方面亞馬遜可是前科累累了。如果你想要用美國的開店平台做品牌官網，當然也是一種方式，但你也必須解決很多問題，例如：

1. 你必須需設立美國公司，才能用境內金流服務。
2. 銷售稅的問題要自己解決，美國可是有 50 州，每州都有不同的稅率。
3. 行銷工具要另外串接第三方服務，中途除了可能會掉資料，還會有系統相容性的問題。更可怕的是，第三方工具說倒就倒，你也只能欲哭無淚。
4. 遇到串接的技術性問題時，是否有中文客服能協助解決。

這些問題當然可以花時間慢慢地自行解決，但是你可以花多久時間來解決問題？就算商品沒有保存期限的問題，市場上也會不斷地推出新商品，你的產品還是會有過時的可能性。

時間就是金錢，如果你找到有經驗的合作對象，就可以幫助自己在這些環節裡省去大量的時間。你想把時間花在維持系統營運上，還是把時間花在賺錢上？

找到跟你利益一致的專家

當我們要做跨國貿易的時候，會需要打通很多的環節，而每個環節都需要花時間了解這個領域的背景知識和比較各家廠商的狀況，在這過程中，**新手最容易遇到的狀況就是訊息不對等，一方面是因為你對於這個產業不夠熟悉，另一方面是合作方有意隱瞞。**

例如當你想要在亞馬遜賣化妝品，就需要符合當地的化妝品法規。那協助做安全檢驗及安規認證的廠商就會跟你說「化妝品需要先取得美國 FDA 許可」，這個說法對不對呢？

只能說對一半，因為美國法令是「藥品需要 FDA 許可」，所以如果你的產品並沒有藥用屬性，就不需要申請 FDA 的認證。如果你的化妝品定價不會超過 1,000 美元，你就只需要在包裝上詳細標記產品成分即可。

回過頭來看「化妝品需要先取得美國 FDA 許可」這個說法，如果你的商品定價超過 1,000 美元，確實就需要取得許可。但如果你詢問這些協助安全檢驗及安規認證的廠商，絕對沒有一家會直接跟你說「要看化妝品沒有包含藥用成分和定價有沒有超過 1,000 美元」，因為這樣子他就會賺不到錢，甚至也有種話術是「取得美國

FDA 許可的化妝品，會讓消費者更認可」。這就是因為訊息不對等而吃到的悶虧。

想做好跨境電商，先想想你要花多少力氣

跨境電商可以做得很簡單，例如單純地在亞馬遜上架出貨，也可以花時間去做很多的行銷規劃與調整。你花多少時間精力去做這些事情，就會有多少的機會脫穎而出。

值得慶幸的是，除了商品的研發和優化，很多事已經可以交給成熟的廠商來處理。建議讓專業的人做專業的事，品牌主不該事必躬親地處理所有問題。

我們在經營跨境電商時，前期會需要投入非常多的時間和精力。而金流和物流屬於需要經驗和精力，如果出錯就會非常麻煩的事，建議你可以找一間有經驗，並能夠讓你把精力專注在其他事的開店平台。

表 11-2　跨境電商平台比較

	大型電商通路平台	開店平台 （以 CYBERBIZ 為例）
流量	平台流量大，強力品牌有更多曝光機會	商家決定流量來源
銷售抽成	約 15%	約 2%

介面與客服	1. 不一定有多語系、多幣別服務 2. 操作介面簡單 3. 僅支持系統後台的客服 4. 多為英文客服	1. 多語系、多幣別購物官網 2. 操作介面彈性大 3. 支持系統後台的客服 4. 可支援台灣真人客服
金流稅務	1. 支援信用卡支付 2. 支援電子錢包支付 3. 銷售稅代收（自動化）	1. 支援信用卡支付 2. 支援電子錢包支付 3. 銷售稅代收（自動化）
物流狀況	需自行處理或找第三方服務	有自己的物流系統，可協助處理外國出貨問題
會員資料	無	提供完整的會員資料
行銷活動規劃	每月都會規畫不同類型的行銷活動	可自主規劃行銷活動（例如品牌日、會員回娘家）

初營跨境電商會遇到哪些挑戰？

想要進入跨境市場的電商品牌百百種，但可以大致分成「已經是亞馬遜賣家的電商品牌」跟「還沒有經營亞馬遜的電商品牌」，而這 2 種電商品牌會遇到截然不同的跨境問題。

已經是亞馬遜賣家的電商品牌

這類商家會遇到的挑戰比較簡單，因為當你已經在亞馬遜經營一段時間，不管是屬於有穩定營收或是銷售量逐步成長的品牌，通常都代表自己的產品能夠被美國消費者所接受。

此類品牌想要經營官網的原因是希望能夠分散風險、避開亞馬遜的高抽成，或是想要了解自己消費者的輪廓，所以願意投入資金跟資源架設自己的品牌官網。

因為他們本身已是亞馬遜賣家，就代表他們已經完成了外銷的前段流程，包括北美市場調研、英文品牌故事撰寫等前期準備，甚至也已經知道自己的商品是選哪個品類、什麼樣的關鍵字布局，會比較容易在亞馬遜被搜尋到跟接觸到他們的商品，也就是說，他們的商品已經取得許多外銷美國必須通過的認證、包裝設計也都符合美國的相關法規，此時需要解決的問題反而是最常見的人力跟資源問題。

• 人力跟資源投入是品牌的大問題

此類品牌會遇到的問題是人力跟資源，例如台灣的跨境電商人才很難找，如果負責操盤的人離職，你可能 3 ～ 5 個月內都很難找到新的人力。

資源的部分是指，很多品牌在剛開始經營品牌官網的時候，其實不大願意投資額外的人力與資源去操作品牌官網，就會變成原有的人力同時操作品牌官網跟亞馬遜賣場。

• 多一個經營平台卻沒增加廣告預算

如果品牌本來就有在亞馬遜下關鍵字廣告，其實很難把原本的行銷資源撥出來做品牌官網。因為他們很清楚知道，如果今天把行銷資源分散去做品牌官網，勢必會影響本來的亞馬遜賣場業績。

因為品牌官網是從零開始，如果想要做到有效的廣告投放、聯盟行銷、網紅行銷等，各式各樣能夠創造品牌知名度跟品牌聲量，

甚至導流到官網的事情，都會需要很可觀的行銷預算。

舉個例子，像是我們架好品牌官網之後，就要想辦法導流量到網站。導流量最快的方式就是下廣告，不管你是下臉書廣告還是關鍵字廣告。但如果你打的是台灣市場，台灣 2,300 萬人口，品牌官網開局一個月花個 5 萬元廣告費去做是沒有問題的。但是美國的總人口是 3.3 億人，約是台灣的 14.3 倍，那你覺得廣告費要多少才合理？

其實，去問任何一個有在做跨境數位廣告投放的廣告投手，他們一定會說一個月至少得投新台幣 10 萬元，且需要長期投資，才能看到效果。

還沒開始經營亞馬遜的電商品牌

當台灣市場經營得還不錯，品牌自然而然就會想要把產品銷售到外國，想要發展跨境電商。

• 跨境溝通讓你停滯不前

這類想要經營北美市場的品牌，首先會卡關的地方就是文化跟語言。像是公司裡懂英語的人才較少，或是跟美國文化有隔閡，如果公司內部員工沒有基礎的英文對話能力，光是溝通跟判斷對方的經驗與能力都會成為大問題，需要找外包合作或聘請專業人才。

再來就是你要如何用美國消費者習慣的方式去包裝你的品牌或產品，以及要將產品的文案全面英文化，還會遇到一些過往沒有碰觸過的領域知識，例如要如何申請美國的產品認證，要申請哪些產品認證？例如要銷售內建電池的 3C 產品，需要通過哪些認證才符

合美國的法規；或是食品類產品的進口問題等，這些都是品牌端在初期會遇到的狀況，雖然有很多代辦公司可以協助，但你要怎麼確定這些代辦公司提供的資訊是正確的呢？

我們就曾經遇到代辦公司說某產品必須申請某認證才能符合法規，但實際上這個認證只是建議申請，並沒有強制要求。對於代辦公司來說，他幫你申請越多認證，就能拿到越高的手續費，對他來說當然就是多多益善了。

• 重新布局也是挑戰

等你克服如何讓商品入境美國的前期問題後，還需要重新思考你的商品定價策略，這又是一個非常大的挑戰了。

同一個商品，你不可能在台灣賣 500 元，去美國也一樣只賣 500 元。還要加上投入的人力、資源，或是跨境物流及其他衍生費用，所以品牌勢必要針對北美市場重新定價與擬定策略。

當我們都把這些問題都解決了，還要解決跨境金流的問題。老實說，跨境金流並不困難，但是很繁瑣。如果按照傳統的流程，我們必須要在美國設立公司才能夠去報美國的銷售稅，美國有 50 州，每州的銷售稅算法都不一樣，如何報稅又是一個待解決的大問題了。

看到這邊，你應該很清楚知道，做跨境電商並不是很輕鬆的事，你會不斷碰到不同層面的問題，而這些都需要處理的時間，品牌想要跨境上市，會需要非常長的準備期。所以如何快速、有效且正確地解決這些問題，對品牌來說就非常重要了，接下來我們會具體地分析。

🛒 跨境電商有什麼眉角？

基於商品的屬性或品牌的特性不同，會遇到的跨境問題也都不大相同。就像如果你想要把面膜賣去美國，你不用擔心寄倉的問題，因為面膜的體積跟重量很輕，產品的製作成本也不高，只要你仔細計算毛利率，就算直接寄 DHL 快遞也沒問題。但是，如果你想外銷台灣咖啡豆到日本，就不是這樣的狀況了。

雖然每一個品牌會遇到的問題都不太一樣，但仍有些問題是品牌要經營跨境時必定會遇到的。

跟第三方合作有風險

對品牌來說，跟第三方合作本身就是一個困難的問題。困難的點在於如果你過往沒有相關的合作經驗，就無從判斷對方報價的合理性。像我們有客戶去找能夠協助申請認證的公司，對方的報價是超過市價非常多的，就算你到處詢價，也很難判斷多少才是合理的，因為對他們來說，你就是一隻代宰的肥羊。

所以我們建議你找一個與你利益一致的開店平台合作，因為這些開店平台都會有長期的合作對象，像是產品文案的翻譯就會有長期配合的翻譯公司，也會有協助處理商品認證的合作對象等。

透過開店平台做介紹的優點是，對第三方合作單位來說，他們是因為開店平台牽線才促成了這筆生意，也很清楚如果報給客戶的價格或服務上不夠好，都有可能會讓開店平台未來不再介紹客戶給他們。

所以他們就會用長期合作的眼光去看待這次的合作計畫，而對

品牌商來說，你首先省去了到處詢價的時間，另外也可以確保這次的第三方合作對象是有一定水準的。

因為這類的費用都不會太便宜，所以我們會建議客戶列一筆外包的預算，再請合作的開店平台介紹能夠協助美國認證的單位，幫自己做當地的認證。

選錯跨境物流，多花冤枉錢

台灣寄貨物到美國，最常用的跨境物流就是 DHL 快遞。也因為太常使用這項服務，就有開店平台直接開發 DHL 的串接功能，讓你在系統後台就能使用 DHL 的服務。當品牌收到跨境訂單後，後台就能夠自動產生 DHL 託運單，並且預約 DHL 的司機在 7 天內取件，省去非常多時間。

找開店平台合作還有一個很大的好處是，因為開店平台背後有許多的品牌，當他們在跟這些國際物流談的時候，很容易拿到比你自己去跟物流商談還要更低的價格。而物流其實都是依體積跟重量報價，我們建議你依照商品的大小跟保存方式去選擇要走海運還是空運。

• 小型商品走 DHL 比較划算

如果你的產品是體積小、重量輕的產品，你不一定要把商品先送進美國的倉庫，可以從台灣直接用 DHL 空運的方式，7 天內送到消費者手中。如果你使用的是有串接 DHL 的開店平台，寄送的速度還可能會更快。

有趣的是，如果我們去計算這類體積小、重量輕的產品運送成

本，往往會發現比海空運更低。

• 大型商品要精算運費

再來就是一些體積大、重量重的產品，就會建議你要用大貨運輸。像一些專業的開店平台會有配合的大貨運輸廠商，甚至還可以集運出貨。只是如果品牌想要透過集運省運費，會有一些額外的限制，像是出貨的時間要配合貨櫃關艙的時間，每次集運的公斤數也必須要達到一定的數量才會划算。

依我們的經驗，貨物重量至少要超過 300 公斤，沒超過 300 公斤的情況下，它的費用還不如 DHL 空運便宜。因為受到近年疫情影響，海空運的運費都漲得非常誇張，疫情趨緩後也還沒有回疫情前的水準。

跨境物流該如何計算運費最划算？這個問題非三言兩語能說完，所以我們建議你直接找有做跨境電商的開店平台諮詢，尤其是要找那種有針對訂單抽成的開店平台合作。因為有抽成的開店平台才會跟你的利益一致，你賺錢，他才能賺更多錢。

有在認真做跨境電商的開店平台，能做到的事情是非常細緻的。像是系統後台除了可以直接產生 DHL 託運單，也可以協助品牌在 DHL 開設帳號，讓品牌可以直接用 DHL 快遞，或是跟開店平台配合的物流公司配合出貨，輕鬆把商品送到美國。開店平台長期配合的物流公司，無論是在台灣清關到中間的運送，甚至是北美當地的運輸跟清關，都是有協助處理的。

如果你合作的開店平台有跟亞馬遜直接串倉，那對於很多已經是亞馬遜的賣家客戶來講，就會非常便利。這代表無論消費者是在亞馬遜或品牌官網購買商品，他都可以同時從 FBA 出貨，也就是

所謂的同倉出貨。

如果你不想要用亞馬遜的倉庫時，該怎麼辦？有些品牌會有這樣的考量，因為亞馬遜的 FBA 有時會莫名地鎖倉。如果他認為你的產品有什麼地方不好或是不符合規定的敘述時，除了讓產品在亞馬遜官網無法下單，也會把商品在倉庫中的庫存都鎖住，讓商家無法出貨。

所以，為了避免這樣的狀況，有一些品牌開始考慮使用第三方的海外倉儲。當我們想要使用第三方倉儲時，會遇到的第一個問題是，你應該要找哪家合作？美國這麼大，商品應該要放哪裡才划算？

像 CYBERBIZ 合作的一間海外倉儲公司，在全美有 20 間以上的倉庫，它就可以很具體地依據你的商品屬性，包括這類產品過往在哪個區域賣得最好，去做商品的庫存分配與管理，也能幫助那些不想要進亞馬遜倉庫或本身不是亞馬遜賣家的品牌解決問題。

一定要到美國公司成立公司嗎？

許多開店平台雖然都號稱自己有跨境服務，但他們都會要求這些台灣客戶在美國當地設立公司才能夠去串接他們的金流。雖然美國對於設立公司的控管並不嚴苛，但對於品牌來說還是會增加一些流程與管理上的困擾。

因為在美國設立的公司，不管是用哪一間開店平台的服務，都還是要想辦法處理銷售稅的問題。而美國幾乎每一個州的銷售稅規則都不同，這時候其實會花很多資源人力。

如果你找到有認真布局跨境電商的開店平台，就可以直接幫品

牌處理金流的串接，**你不用在美國成立公司就可以做到「買家在地消費」這件事**，同時也會幫你搞定銷售稅。

只要你使用有完整串接跨境金流服務的開店平台，就不用在美國設立公司，只要在台灣的銀行開一個美金帳戶，開店平台就會每個月固定日期，或是達到你想要提取的金額門檻後，把款項從美國直接匯到你台灣的美金帳戶。對台灣的賣家來說，這件事情比去開設美國公司便利非常多。

如何增加對跨境市場的信心？

很多想要做跨境市場的品牌會拿捏不定應該投入多少心力，但這件事其實取決於有多少信心來經營美國的市場。而這個問題的核心還是要回歸到，你是否能夠在當地建立好品牌形象。

因為對美國的市場來說，如果這個品牌先前在亞馬遜上就已經是賣家，它可能已經有一定的銷售成績了。但是當品牌架設好自己的品牌官網，對美國消費者來說還是很陌生的，因為美國這麼大、品牌這麼多，在當地經營的品牌也不勝枚舉。當品牌想要經營北美市場，其實會牽扯到的是對於這個市場的熟悉度和有多少資源？

舉例來說，你想要找美國的網紅或 KOL 來做行銷，你是否熟悉跟美國 KOL 的溝通流程，或是在美國當地哪些網紅或 KOL 是真的有帶貨能力的？

如果是針對跨境美國到底要投入多少資源，我們的想法是可大可小。你可以小到只針對華人族群去做一些小眾行銷，例如優惠券、小 KOL 的合作等，所需要的花費就不會太高。但如果你一開始就想做到很全面，就會需要非常充足的銀彈。

坦白說，在面對跨境電商經營時，我們無法很直接地告訴品牌一個放諸四海通用的標準。因為每一個品牌自身的情況，又或是產品的屬性都不太一樣，也就會導致你在不同的策略布局上需要有很多的變化。

舉例來說，如果你賣的是粉餅盒這類小產品，你可以直接走 DHL 空運寄送，避開美國寄倉的問題。但如果你賣的是罐裝飲料，你就不可能走 DHL 空運出貨的方式，也就是說光是貨運的選擇方式就會與你的產品屬性有關係了，更別提會因此牽扯到的定價成本等問題。

像這類問題，其實有在布局跨境電商的開店平台掌握滿多資源的，也會有很多經驗可以跟你分享，能幫你增加信心。

如何挑選適合的跨境電商平台？

現在許多電商平台都有提供跨境的服務，甚至是許多外國的電商平台都跑來做亞洲市場。這其實也很正常，因為我能多做一個市場，就能夠多賺一分錢。

只是對於品牌主來說，就會顯得為難。就像你要去量販店採買商品的時候，你可以去家樂福、愛買跟全聯，裡面賣的商品至少90%的品項都一樣，那你到底該怎麼選擇呢？

如果只是簡單買個日用品，到哪家買其實無所謂，直接挑順眼的就可以了。但是你要做跨境電商就完全不是這樣了，因為品牌官網投入的不是少少的幾百元或是幾個小時，而是投入一整個團隊的人力跟物力。

我們有 2 個建議：「台灣品牌好溝通」跟「便宜不一定好」。

1. 選擇台灣的跨境電商平台，更快落地北美

為什麼家樂福跟全聯這 2 間量販店賣的東西都差不多，但全聯總是能夠推出讓消費者眼睛為之一亮的產品呢？最關鍵的原因是，全聯是在地品牌，他知道台灣的消費者會遇到什麼問題。

把這個邏輯拿來思考開店平台的選擇時，其實答案就出來了。如果我們使用北美當地的開店平台來做跨境電商，你可能光是跟對方解釋你遇到的問題，就要費九牛二虎之力了，另外也不要忘了時差是個大問題。

你如果在架站遇到問題，你的上班時間是北美的睡覺時間，你只能大半夜爬起來問對方，尷尬的是，你的同事不一定會陪你一起熬夜。所以你只能帶著對方的回答，隔天轉述給工程師，如果沒解決就要再重來一次，持續到你解決問題為止。

還有一個問題是，今天回覆你的系統客服，明天不一定是同一個人。你可能每天都要重新解釋一次你的問題，你猜猜這樣會需要花多少時間才能解決問題？

另外，客服能解決的，僅僅是跟系統本身相關的問題，如果你想要問的是「台灣出口要怎麼報關」、「我要走海運還是空運」這類只有台灣有做過跨境電商的人才能回答的問題，他也愛莫能助。

所以，我們會建議你找台灣的開店平台合作，因為你遇到的任何問題，他們合作過的客戶一定都遇過，你煩惱一兩週的問題，有時候只要兩句話就可以解決，能夠大大降低溝通成本，更快做到北美落地。

2. 便宜的跨境電商平台，不一定是真便宜

有些品牌在挑選合作的跨境電商平台的時候，往往會陷入一個

迷思，今天這 2 間跨境電商平台都提供差不多的服務，那當然是選擇價格更便宜的。並不是說便宜沒好貨，而是市場機制擺在這裡，如果便宜就一定有便宜的道理。

例如現在北美最大的開店平台，它的架站費用就非常便宜，也因為它夠大，有非常多的第三方團隊會去開發適合這個平台使用的功能。看起來好像很美好，但是這個機制其實很像 Android 系統，開放給所有人做串接服務，你可以上架自己開發的 APP。但如果用戶安裝的 APP 有問題，Google 是不管的，因為那是第三方的 APP 造成的問題。

同樣地，今天我們自己串接第三方服務時，你可能會遇到這些服務彼此之間不相容的情況，最後造成消費者的訂單有問題，甚至是有駭客利用第三方服務的安全漏洞，盜取你的網站會員資料或是刷卡紀錄等情況。

對消費者來說，他們才不會在乎你今天是因為第三方服務還是其他問題，他只會認知一件事情，你害他的信用卡被盜刷，所以你要賠償，甚至他會去告你，你的品牌危機就這樣莫名地發生了。

所以我們更建議你找那種都是自己開發功能的跨境開店平台，這種開店平台就像 iOS 系統，所有要上架的 APP 都需要被嚴格審核或是直接由 APPLE 開發，平台能最大程度地確保系統的穩定度。跨境開店平台如果都是自己開發功能，他們的系統一定比較穩定，對於品牌聲譽也會更有保障。

回過頭來說，這種開放許多第三方串接功能的開店平台好不好用？好用！但好用的前提是，你必須要花更多的錢去調教系統以及保護系統安全，才能夠達到封閉式系統的安全性。但如果我們繞了這麼大一圈，卻只是取得跟使用自己開發功能的跨境開店平台差不

多的功能，還可能比較貴，又是為了什麼呢？

在我們找到適合合作的跨境開店平台之後，就需要開始思考行銷策略了，接著就來談談北美市場的相關問題。

跨境美國最常見的行銷策略

很多賣家常問：「要怎麼打開我的品牌在當地知名度？要投放廣告，我怎麼知道投廣告是拿去打水漂，還是打到正確的族群？」

1. 聯盟行銷

依我們的經驗，在品牌初期要跨境美國的時候，最建議的策略是布局聯盟行銷，聯盟行銷的優點是它導流的成本最低，而且是屬於有成交才會產生行銷費用的一種做法。比起你去投放臉書廣告也不見得會轉單的情況，聯盟行銷其實是更理想的。當然聯盟行銷的缺點就是能夠獲取的訂單跟流量是有限的，如果你已經察覺到聯盟行銷能帶給你的業績無法再提升，或是已經進入一個穩定的狀態時，就可以採取網紅合作的策略了。

2. 社群行銷

初期也建議先布局社群行銷。因為社群行銷的優點是導流的成本最低，並且你可以同時塑造品牌。

一個新興品牌如果直接去投放數位廣告，很難能立刻轉單，更大的可能是直接浪費廣告費。所以你可以先透過經營社群與內容，讓北美消費者認識你，在有了一些基本的社群內容與粉絲數量後，

再開始採取網紅合作的策略。

3. 網紅合作

而跟網紅合作時，要特別注意每個網紅的受眾都有特定性別、年齡、興趣與嗜好，找到一個對的網紅，等於找到對的受眾，效果勝過砸大錢在高速公路邊設立大型立牌廣告！

根據 Influencer Marketing Hub 的數據指出，全球網紅行銷市場規模已於 2022 年達 164 億美金（約新台幣 4,827 億元），但想藉由網紅行銷帶動品牌聲量與銷售卻不是那麼容易，從挑選出適合的網紅、判斷其價格合理性、擬定有效的合作模式、降低可能產生的輿論風險等，都需要足夠的專業與經驗值。比如這位網紅所在的社群媒體是哪個年齡層愛用的平台？是否與你的目標消費族群相同？

這時候還要考慮要找哪個社群媒體的網紅，以及要用什麼呈現方式，會最符合你的商品，像是 TikTok 適合短影片、Instagram 適合圖片、臉書適合圖文搭配，每個社群網站都有適合的呈現方式，也會有不同的目標受眾。

而且大小網紅粉絲數量差距很大，大網紅昂貴但很快就能幫你創造出聲量，但你必須要很清楚他與粉絲互動的頻率或方式，或過往的業配文能否成功帶貨，甚至是否有買粉爭議等問題，這些都仰賴於你對於當地市場了解多少。

除了銷售層面，大網紅的個人形象與魅力是否適合你的品牌形象與產品特質？找他合作是否能為你的品牌價值加分，或是至少不扣分？找小網紅、微網紅甚或現在常被討論的奈米網紅，又可能會發生哪些危機等，都是我們進入試場前要做的功課。

這些功課都做完之後，你還需要花時間去這些你所瞄準的客群

常去的社群裡潛水，了解他們的社群生態。就像是 Buzzfeed 很像台灣的 Dcard，屬於年輕人比較常去的社群平台。如果你的產品有 DIY 的屬性，就很推薦到 Pinterest、Reddit、Discord、GitHub 這類平台去觀察消費者的慣性思維方式。

如果是要認真經營跨境電商的品牌，可以找有經驗並擁有當地行銷資源的跨境開店平台，並且使用他們所提供的社群代操、網紅行銷等加值服務，絕對會讓你事半功倍。開店平台系統商與你的利益一致，所以會以能幫助你提升品牌曝光或產品銷售為最大目標。

當然，品牌進入一個新的市場需要有長期培養的決心與毅力，想要立竿見影並不切實際。最重要的是前期布局與穩紮穩打的行銷規劃與執行，一步一腳印地累積品牌官網流量，一點一滴堆疊出品牌知名度，不要半途而廢，浪費了前期投入的資源，要有耐心等待自己的孩子長大。

北美市場要如何選品？

當品牌要開始做北美跨境電商時，常會遇到的問題是手中商品數百樣，到底要選哪些商品優先進攻市場？其實選品是有一些訣竅的，只要清楚這些訣竅，就能讓你用對的商品，成功打開北美市場的大門！

1. 掌握消費文化就掌握消費者的心

品牌商想要成功打進北美市場並站穩立基，在商品選擇上必須要符合當地所需。因為亞洲地區熱賣的商品，換到北美市場不一定會如魚得水。

當我們初入北美市場時，**首先要先了解當地的文化，並評估你的商品是否適合北美消費者的日常習慣**。例如，北美消費者居家 DIY 文化盛行，舉凡家中有修繕需求，他們非常習慣採買工具和零件後自行動手處理，因此工具組就是北美相當熱賣的商品品類。

又或是北美的戶外運動風氣盛行，露營、登山、越野車等戶外運動周邊商品也是另一個熱銷品類。當我們選品的時候，首先要做的市場研究就是調查消費者的日常生活習慣，並評估你的商品是否符合當地文化。

2. 找出產品獨特性，避開高飽和市場

想要知道自己的商品在新市場到底有沒有機會，競品的銷售表現能夠帶來非常寶貴的資訊。我們建議你多利用如亞馬遜、Newegg、Walmart、eBay 等電商平台來做競品分析。

於電商平台上搜索商品的關鍵字後，在搜尋結果頁就可以看到琳瑯滿目的競品，此時我們可以觀察自己的產品是否有獨特性，如果產品跟競品沒有太大的功能或款式差異，那消費者就可能會直接選擇購買售價較低的商品，這時候就要考慮我們的商品定價及成本結構是否有調整的空間。

另外，也建議你**多觀察消費者在競品的評論區裡面的留言**，了解消費者對競品的稱讚或批評後，加以優化在自己的產品上，也是不斷提升自己產品獨特性的有效方法。

當我們仔細觀察競品的商品留言數，還可以看到另一個重要資訊。若商品關鍵字搜尋結果頁上，前 10 名的商品都有多達上千甚至上萬的商品留言，則意味著這個商品的市場可能已趨近飽和，競爭力度相對較高，銷售機會也相對較小。那就要思考是否真的要先

用此類產品來做跨境電商開局了。

3. 高風險的商品不要進

在剛開始經營跨境電商，銷售還沒有起色的階段，成本的管控尤其重要。我們建議，初入新市場商儘量避開品質難以掌握，或變因較多的商品，像是玻璃製品非常容易在運送過程中碎裂，提升客訴及退換貨的機率。或是含有易燃物質或電池的商品，在倉儲管理及物流作業上有較多限制，這些商品都不適合做為跨境電商初期的打頭陣商品。

4. 商品越小，價格越高越好

如果你的商品種類夠多，我們建議你不妨先從材積小、重量輕的商品開始販售。

因為在不確定市場反應的狀況下，多數跨境賣家適合的物流配送方式即為國際快遞，而材積小重量輕的商品的國際配送運費較低。而且當我們準備長期發展，要租用海外倉時，材積小的商品因所占空間小，所以在倉儲費用上負擔也較低。另外也建議，選品時要留意商品的售價是否會過低，低售價商品相對毛利空間也較小，建議一開始選擇的商品售價不要低於 20 美元，為經營跨境電商的初期保留利潤空間。

除了以上 4 個選品技巧，我們也建議在架設品牌官網時，品牌可以上架多個產品系列，如此不僅提升官網產品系列的豐富度，也讓消費者可以跨系列來購買商品，並且提升在官網消費的客單價。

如何找出品牌在北美市場的切入點？

許多品牌想進入北美市場的時候，最開始的想法往往就是，連別人都能賣得好，我一定有機會能分一杯羹。接著就會去分析這個市場裡正在銷售的同質性商品或替代產品，並依據競品的產品特色、賣點、價格、TA，想出一套能打敗現有銷售產品的商業模式，或是從價格（犧牲毛利）著手來取得市場分額、從功能優化（提高成本）來獲得潛在消費者的青睞。看起來邏輯是沒有問題的，但結果往往卻是陷入紅海的價格戰，又獲取不到市場額分的下場。

當我們在觀察新市場的時候，必須先思考一個問題：「為什麼消費者要買單你的產品？」在大家對你都不熟悉、不信任的情況下，為什麼要購買你的產品？

如果沒有特殊的購買理由，往往就只能用高 CP 值或更便宜這類的說法去說服消費者，但不要忘了，除非你砍成本的技術特別厲害，不然你的便宜往往是透過壓縮自己的利潤空間而做到。

但當你開始壓縮自己的利潤空間時，就代表你能夠分配的行銷資源會更少，也代表你很難承受成本的波動（例如平台提高手續費、廣告費用增加、原物料上漲）。

所以，用「自己可以賣得更便宜」這種角度去切入市場其實是充滿風險的，我們更建議的做法是，**透過產品力與市場定位來塑造品牌，提供消費者非買不可的理由之後，再來進行當地行銷，才能事半功倍。**

分享一個實際的例子：台灣製造業經過多年歐美國家和全世界買家的洗禮下，在成本控制、製造流程、新品開發時程等方面，皆練就了爐火純青的功力。我們從過去生產的東西便宜，經過三、四

十年後，能夠製造穩定、高品質產品，甚至已經在國際生產的領域中，具有佼佼者的地位。

我們曾經碰過一位製造業大哥，他可以花一整天的時間，講解他們公司製造產品的用料等級、加工的切削精準、製程的簡化效率和產品的良率等，說明了幾百種在生產製造上的優點，卻很難用幾句話清楚解釋，為什麼消費者喜歡這類型的產品，或是特點是什麼。所以我們就要透過產品力與定位產品，來將商品的優點傳達給消費者。

1. 產品力就是你的競爭力

所謂的產品力，前提是在好的產品基礎下，強調特定的功能與特殊性來獲取消費者的青睞、打開消費者購買的慾望。以一家銷售直排輪鞋的 A 品牌舉例，A 品牌是如何強調他產品的產品力，把專業的製造過程轉化成消費者所熟悉的畫面語言？

在鞋體材質選用方面，A 品牌使用的 PU 橡膠是目前歐盟 PU 材料分級中，等級最高的 PU，主要用來取代碳纖維的材料，此材料在歐盟汽車耐撞測試中獲得的安全係數最高，具有最好的彈性與舒適性，並且不使用傷害人體的化學物質「異氰酸酯」。

在零件用料方面，輪軸選用的是環法賽事級腳踏車的培林輪軸，此輪軸是 2019 年環法自行車比賽中，冠軍車手車上所搭配的相同零件，轉速比市面一般直排輪鞋每秒多轉 13 圈。在環保減碳方面，A 品牌每生產一雙直排輪鞋的排碳量，比傳統生產方式減少 30 公斤碳排放，符合歐盟 2025 年的排碳規章，相當於一年可以減少大量的碳排放。

以上產品的說明，不再只是強調產品的價格，也不是和市場

上主流產品的比較,而是透過敘述自家產品,讓消費者有實際的畫面,與他日常生活中產生連結,進而取得與品牌的共鳴,並留下品牌印象。

2. 精準的市場定位讓你好開局

同樣是直排輪鞋,要賣給誰很重要,是要賣給「溜直排輪運動的人」或賣給「溜直排輪群眾中的初學者」?還是賣給「溜直排輪群眾中的初學者,年紀在 3 ～ 12 歲的兒童」?以上 3 種市場定位,越精準越好,好處是在特定的類目中,讓消費者很容易記憶,這個品牌是在銷售什麼樣的產品。

鎖定特定的族群的優點還有一個,當我們針對小眾來執行你的行銷策略,也就更容易找到市場的 TA,網路行銷的手法輪廓也就越清楚,不論是在網路廣告鎖定客群、在同溫層中創造熱議話題、尋找網紅行銷等方面,都會更事半功倍。

什麼是跨境物流?

想要做跨境電商,跨境物流跟金流是你絕對逃不掉的 2 件事,做得好讓你無後顧之憂,做不好除了血本無歸,還可能賠到脫褲。跨境物流跟跨境金流就像是打仗的後勤單位,保持順暢的時候,你不會覺得它很重要,但是一出問題就會讓你如後院失火般心神不寧。

幸好,只要找對合作單位,就可以無後顧之憂,安心賺外國的錢。接下來會教你如何找到適合自己的跨境物流,除了郵局跟

EMS，現在有更多可以降低成本又能提升效率的選擇。

「跨境電商物流」顧名思義就是，你與物流商簽約，將商品賣給國外的消費者，需要注意的是每一個國家都會有他們的運送規範，就像是台灣的郵局要寄國際郵件或包裹前，都要先確認自己寄的東西有沒有在禁寄清單之內。而國際知名的物流公司包含 UPS、DHL、Fedex 等，或是直接使用郵局航空小包、EMS 國際快捷，都是常見的跨境物流方式。

跨境物流分成哪幾類？

跨境物流可以細分成 FBA 出貨與 FBM 出貨（Fulfillment by Merchant），前者是由亞馬遜的倉庫直接出貨，後者則是由廠商自行出貨。這個其實可以對比台灣常用的 PChome，我們常使用的 24 小時到貨服務就是直接由 PChome 的倉庫出貨，對於消費者來說會很快到貨；而如果買的是 PChome 商店街的產品，就是由廠商自行出貨的。

1. FBA 出貨

直接把你的商品寄到亞馬遜的倉庫，由亞馬遜來幫你出貨，而我們需要支付亞馬遜倉庫的倉儲費、揀貨包裝費跟寄送給消費者的物流費。

2. FBM 出貨

由廠商自行出貨，優點是成本較低，類似 PChome 的商店街，只是我們還多了一個選擇是你可以找當地的第三方倉儲（例如

ShipBob）存放貨品，之後再由第三方倉儲出貨，或是由第三方倉儲寄到亞馬遜的 FBA 倉庫之後，請亞馬遜出貨。還有一個方法是你收到訂單之後，再從台灣出貨給消費者。

建議的跨境電商出貨方式

在這 2 種出貨方式中，首推的還是 FBA 出貨，因為做電商的一大原則就是「不要給消費者考慮的時間」，我們的貨出得越慢，消費者越可能會反悔。這也是為什麼各家電商都要比拚貨速度，PChome 一直在推 8 小時到貨，家樂福現在推出線上購物 6 小時內到貨，就是不要讓消費者有猶豫的時間。

美國的國土面積是 272 個台灣大小，今天你在台灣 3 天內收不到貨，都想要打電話去投訴了，而美國的寄送時間至少得抓一週，兩三週才收到貨也是很正常的事情。如果我們選擇從第三方倉儲或是直接由台灣出貨，那又勢必得再追加幾個工作天，如果剛好又碰上假日，對不起，可能會多將近一週。

所以，為了省倉儲跟寄送成本，選擇第三方倉儲其實在長期看來是不划算的選擇，當然，如果你的寄送量大到可以跟第三方倉儲談出優惠的價格，就另當別論了。而使用 FBA 還有一個優勢是，消費者享有優惠運費並且更加快速。

假設今天有一個消費者在亞馬遜買東西時，同時看到了 A 賣家跟 B 賣家的產品。A 賣家的商品已經放在 FBA，當消費者下單之後可以享有免運費和快速出貨的功能，如果想要退貨，也可以直接在他確認退貨後，讓亞馬遜自動來收貨。而 B 賣家的產品是放在第三方倉儲，消費者除了可能需要另外負擔費用，還不曉得哪時候可

以收到貨，或是退貨會不會很麻煩。

也就是說，對消費者來說，購買 FBA 的商品是更加方便的，除非他想買的商品完全不可替代，不然他大多會在有選擇的情況下購買有 FBA 的商品。正所謂，**給消費者方便就是給自己方便**，對於消費者來說，省事很重要，如果我們可以讓他的購買流程越順利，他越願意跟我們買東西。

什麼是跨境金流？

跨境電商的金流是非常重要的事，每個國家的消費者都有自己的慣用結帳方式，如果你的付帳流程讓消費者覺得很麻煩，消費者有可能會連帳都不結就直接離開。

根據支付品牌 PayPal 的調查數據，有 46％的跨境消費者認為以外幣付款的方式讓他們購物不安心，而更有 77％的跨境消費者在考量購物時，傾向在地付款或是能選擇自己熟悉的支付方式。看了這個數據，你就知道順暢的結帳流程對消費者有多重要了。

對於美國的消費者，線上消費已經是一件習以為常的事情，而線上消費的支付方式又可分成信用卡跟電子錢包支付，不同的模式會有不同的串接流程、金額限制和到帳速度，那我們該怎麼選擇呢？

跨境金流需要解決「信用卡支付」的問題

信用卡是歐美、日韓等有成熟金融體制地區常用的支付方式，

許多發卡銀行都提供紅利點數或現金回饋來吸引消費者使用。信用卡對於消費者的保護機制較為完善（如遇到有問題的消費支出，可向發卡銀行要求停止支付），現今仍是消費者線上支付的第一首選。

但如果你想要用國際信用卡收款，導入時比較麻煩，除了須先預存一筆保證金，還需要繳納約 3％的手續費，而這種手續費很難請消費者吸收，建議你直接計算在銷售的成本裡。另外信用卡盜刷的問題很常發生，若是你的網站被駭客取得消費者的信用卡紀錄，你除了要負連帶責任，這筆盜刷的款項你也拿不到。

• 信用卡支付的使用建議

想要進軍美國市場，信用卡支付功能是不能避開的選項，美國 80％消費者有使用信用卡的習慣。但由於信用卡串接功能十分複雜，再加上需要較高的收費比率，通常是大型跨國電商平台，或是較有資源的大品牌官網比較有能力採用。而什麼時候可以去跟銀行談呢？

如果在台灣，你的網站刷卡金額每個月超過 1,000 萬，再去跟銀行談才能夠談到比較優惠的費率。在到達這個金額之前，建議你可以將產品上架在有提供信用卡付款功能的電商平台（如美國亞馬遜），或開店平台提供的後台金流串接服務，讓你少養一個 IT人員。

目前常見的信用卡平台有 Visa Card 及 Master Card，這 2 種卡的國際市場占有率超過 80％。如果你要進攻外國市場，一定至少要能使用其中一種。

跨境金流需要解決「電子錢包支付」的問題

電子錢包是電子商務購物活動中常用的支付工具。消費者通常會直接綁定銀行帳戶或是信用卡，不需要拿出皮夾或信用卡就可以進行消費。而美國已成為行動支付交易總額達 4,651 億美元的全球第二大市場（第一大是中國），預計 2023 年將成長至 6,980 億美元。是現在使用最廣泛、也是發展最興盛的跨境金流處理方式。

相對於信用卡付款每次都需要輸入卡號跟驗證碼，還要透過手機認證，電子錢包支付只需要輸入一組帳號和密碼就可以完成支付。而且如果瀏覽器有開啟自動記憶的功能，不論去哪個網站都可以自動輸入，十分方便。

退款方便也是其優點之一，如果我們用信用卡支付時想要退貨或取消訂單，從申請退款到實際完成退費，可能需要很多個工作天。但如果透過電子支付，則可以馬上完成退款。另外若是遇到爭議款項，某些特定的服務商還會先退款給消費者，並由他們直接向商家索賠。

然而手續費十分高，而且如果你的收款款項被認為來路不明，會要求你解釋收款來源，甚至可能會被暫時凍結帳號。

● 電子錢包支付的使用建議

美國常見的電子錢包有：PayPal、Stripe、Braintree、Apple Pay、Google Pay、Samsung Pay。

考量的重點不外乎使用便利性、手續費和撥款時間，因為電子支付平台的服務廠商眾多，我們也不建議你去跟各間廠商分別洽談並串接。因為美國的電子錢包使用率約 24%，就算均分給常見的 6

間服務廠商，每間的平均使用率也不過 4%。

所以我們建議你直接找有支付功能的電商平台（如美國亞馬遜）或開店平台，使用平台提供的金流串接服務，讓你少養好幾個 IT 人員。

跨境金流需要解決「銷售稅」的問題

想要賣東西給美國人，一定要有銷售稅另計的觀念，不要想說給消費者方便就收一個固定的銷售稅或是根本不收，那只會為你帶來麻煩。如果你對美國各州的銷售稅有興趣，可以上 Avalara 網站（www.avalara.com）計算各州的銷售稅。

美國各地的銷售稅又分成 2 個部分。州銷售稅（State Sales Tax）跟地方銷售稅（Local Sales Tax, City & County），也就是說「綜合銷售稅（Combined Sales Tax）＝州銷售稅＋地方銷售稅」。州銷售稅是由州制定，地方銷售稅則由地方制定。也就是說，就算是同一個州，也許過一條馬路就是不同的稅率了。

美國有 5 個州免稅，德拉瓦州、新罕布夏州、蒙大拿州、奧勒岡州與阿拉斯加州。而阿拉斯加州的免稅是指免州稅，地方稅還是要付。

在大多數要繳銷售稅的地區，繳稅的金額約占商品的 2.9% 至 9.55%，這中間的差距就快接近 7% 了。對於賣家來說，更可怕的事情是，因為銷售稅的計算方式是以消費者的所在地做計算，再加上各州各地的稅率都不一樣，代表你要有成千上萬種排列組合（美國有 50 州）的稅率計算方法，如果你要手動計算，勢必困難重重。

幸好現在有自動化的服務可以使用，如果你是亞馬遜賣家，並

且使用亞馬遜的物流系統 FBA，可以直接在後台設定，並選擇你的商品類別，亞馬遜系統會在消費者下單時，自動計算並向消費者徵收銷售稅。如果你不是 FBA 賣家，也可以透過 Taxify、TaxJar、Avalara 等自動工具協助你處理銷售稅的問題。

另外，**千萬不要有逃漏營業稅的想法**，州政府可以採取審計、追繳、法辦等方式向你追討，他們也可以直接向亞馬遜要求暫停支付貨款或是查禁你 FBA 倉庫裡的庫存，最後你不但要繳納稅款、相應的滯納罰款和利息，還有可能吃上牢獄之災。

跨境電商常見的 3 大迷思

—— 胡親仁（Emily），客戶成功總監、

楊佳鳳（Melody），營運總監

「跨境電商」一詞近年在台灣越來越熱門，隨著如亞馬遜、Ebay、阿里巴巴等國際電商平台的蓬勃發展，越來越多台灣品牌商也想搭上這股跨境電商熱潮，走出台灣、大賺外幣。然而，經營跨境電商與台灣電商卻是完全不同的邏輯，廠商也常落入以下迷思。

迷思 1：滿 3,000 元送 300 元能通行萬路

台灣廠商要做跨境電商，**首先要做的就是不能再用台灣人的消費習慣看待海外市場**。舉例來說，仔細對比同品類的國內外購物官網首頁，會發現進到台灣官網看到的是五花八門的促銷活動，如 3 件 8 折、滿 1,500 元免運、紅配綠組合優惠等，希望透過優惠吸引消費者下單。

然而走出台灣，觀察其他國家的購物官網卻是截然不同的景象，像歐美購物官網的首頁較強調品牌價值及產品力，日本購物官網呈現的是滿滿的文字說明，讓消費者對產品更安心，這些都是海外消費者真正在意，且會讓他們進而下單的關鍵原因。

因此，跳脫台灣思維，先了解各國市場的特性，是經營跨境電

商的第一步！

迷思 2：一個官網就能賣全世界

CYBERBIZ 最常遇到跨境賣家詢問的問題是：「是否可以開一個購物網站來做全世界的跨境電商生意？」若以長久經營、規模化發展海外市場為目標，強烈建議不要這麼做！

電商營收的成長奠基於對消費習慣的掌握，想像你到國外購物網站買東西的購物過程，若商品頁是你不熟悉的語言、付款時要支付昂貴的跨國交易手續費、配送方式選項少且時間長，如此不友善的購物體驗會消磨消費者的耐心，大大降低其回購的意願。

跨境電商若要規模化發展，**消費體驗必須因地制宜，最基本的是提供目標消費市場的語言，讓消費者能充分了解產品**。進一步更要考量提供落地的金流和物流選項，例如東南亞消費者的信用卡持有率較低，而貨到付款使用率高；日本電商物流則除了宅配，一定要提供超商取貨等，針對消費習慣提供對應的電商服務，是商家培養忠實顧客的不二法門。

迷思 3：只有投廣告，才會有流量

不管換到哪個國際市場，電商的營收公式仍由流量、轉換率、客單價 3 個參數所組成。新品牌初入海外市場，首先要做的就是獲取流量。

或許是因為我們日常生活中與品牌的接觸多是透過電視、社群媒體的廣告，品牌商在經營跨境電商時另個常見的迷思便是一定要

靠廣告投放才能吸引流量。但事實是,流量紅利時代已過,廣告投放成本逐漸提高、投報率逐漸下降,再加上臉書、Instagram 等廣告演算法經常調整,使得廣告投放已不再是獲取流量的最好方法。反之,廠商應該深入了解各市場有沒有其他較低成本獲取流量的方式,例如美國市場的工作文化較習慣使用電子郵件,因此 EDM 在美國的效果較亞洲好;東南亞市場有熱情的文化民情,使得客服對話成為有效促進消費者下單的管道。

　　而有些獲取流量的方式普遍在各市場有不錯的成效,例如網紅行銷,不同於廣告操作需要多次觸及以建立信任感,網紅行銷運用粉絲與網紅之間的黏著度,大大提升消費者對新品牌的信任度,不僅能帶進流量,更能藉由網紅的口碑推薦促成訂單轉換。

第 12 章

電商的未來發展趨勢

 電商有需要做 APP 嗎？

做電商到底該不該開發一個專屬品牌的 APP？對於這個問題，贊成者會強調做 APP 能夠給消費者更好的購物體驗，反對者則認為如果沒有特別的需求，做好回應式網頁設計就可以滿足絕大部分的電商需求了。

這個問題該怎麼解？我們建議你先從自身出發，拿出你的手機，看手機裡安裝了幾個品牌專屬 APP？你又多久會打開一次呢？

或許你一個都沒有安裝，但別忘了「存在即合理」，如果現在仍有品牌在開發自己的 APP，就代表這件事對該品牌有一定的重要性。但每個品牌的發展階段並不一樣，別人的剛需對你來說可能如同雞肋，所以我們可以先來看看電商 APP 有什麼優缺點，再來判斷你是否需要建構屬於自己的電商 APP，或是有沒有其他的解決辦法。

電商做 APP 的優點

電商之所以要做 APP，說到底就是為了給消費者更好的購物體驗，進而帶來業績成長。具體來說，至少會有以下 3 種好處。

1. 再行銷成本低

當消費者下載你的電商 APP 之後，只要他沒有登出會員，你就可以直接用 APP 內的系統推播，告訴消費者你們現在舉辦了什麼活動、或是有哪些適合他的優惠，行銷的費用近乎於零。

2. APP 的使用體驗比較好

雖然每個人的感覺都不一樣，但我們可以很肯定，用電商 APP 的體驗一定比響應式網頁來得好。因為響應式網頁需要兼顧電腦版跟手機版的使用者介面（User Interface, UI）與使用者經驗（User Experience, UX），所以很多網頁的設計只能使用兩者都能接受的設定，例如圖片大小只能接受某種規格。

但 APP 只會安裝在手機裡，所以只需要專注在讓手機用戶使用起來方便和舒服就好，理論上效能也會比手機版網頁來得好。

3. 轉換率比較高

因為電商 APP 會顯示在手機桌面，而 APP 的推播功能也會不定期提醒消費者來購買商品，所以有下載電商 APP 的消費者的購物頻率一定比沒有下載的消費者更高。

不過，會願意下載電商 APP 的消費者，通常本身就已經認識該品牌，甚至是品牌的愛用者，所以他們可能本來就是消費力比較高的一群人，不能直接說這些消費者是加入了電商 APP 之後才提高了自己的購買率。

電商做 APP 的缺點

1. 製作成本與維護成本高

一開始建置 APP 的成本，按你的需求複雜度從數萬元到百萬元不等。而每次只要 Android 或 iOS 系統更新，你的 APP 就得跟著升級，同時又得考慮相容性的問題。最可怕的是，有些消費者不

喜歡更新手機 APP，然後就會來質問你為什麼 APP 無法登入，甚至到系統商店留負評。現在有些架站平台會推出網站跟 APP 綁定的服務，讓你省去很多開發和維護成本，但是羊毛出在羊身上，這些更新的費用其實也偷偷地含在你的服務費裡了。

2. 消費者保留 APP 的意願低

這點回到我們開頭的問題，你的手機裡面安裝了幾個品牌 APP？你又多久會開一次 APP？

常見的情境通常是這樣：品牌方為了衝 APP 的下載數，就會在結帳頁面或是在實體店面跟消費者說，現在安裝 APP 會得到一張折價券，且可以馬上使用，就會吸引消費者安裝 APP，然後在購物完成或踏出店門後，直接把 APP 刪掉。

所以如果進後台看數據，會發現 APP 的成效很漂亮，每個人都使用了優惠券，下載數也很多；但也會看到 APP 的用戶留存率超級低，因為消費者不是被你的品牌吸引而下載 APP，而是出於優惠，這樣的消費者本來就沒有什麼品牌忠誠度，也很難僅僅透過 APP 養出他們的忠誠度。

前述提升品牌形象的優點，是要建立在消費者對你的品牌有興趣的時候，你可以透過宣傳技法快速刷滿消費者的好感度。但如果消費者尚未對品牌產生興趣，直接移除 APP 對他們來說就是一件再自然不過的事情。

3. 更換系統非常麻煩

電商 APP 跟架網站是完全不一樣的事，如果你覺得現有的 APP 不符合需求，想直接開發新的 APP，除了幾百萬的開發成本，

你還要多處理一個問題。

今天如果只是要改版電商網站，你只需要重新設定網域名稱系統到新網站，如果你要連網址也換掉，頂多就是弄個 301 跳轉，並不困難。

但如果你要更換 APP，很抱歉，因為 APP 是安裝在消費者手機裡，所以你只能請消費者先移除舊的 APP，再安裝新的 APP。光這件事就不曉得要花多少行銷預算才能搞定，而兩個 APP 之間的會員資料或現金積點等東西能否做到同步還待討論。

4. 行銷費用非常驚人

在講這個之前，要先知道什麼是 CPI（Cost Per Install，每次安裝成本）。

CPI ＝廣告費用 ÷ 安裝完成數

CPI 是消費者每次在手機安裝 APP 時，需要付出的廣告成本。也就是說要計算 APP 成效時，除了一般電商網站會計算的每次行動成本，還要加上 CPI 的成本。

除非你是非常知名的品牌，消費者本來就會自主下載你的 APP，不然你就要用利誘的方式去吸引消費者，無論是抽獎、活動、免運券、折價券等，這些都需要列入行銷成本。

電商 APP 不是唯一的選項

電商 APP 想要發揮出為品牌加分的效果，有很多的前提條件

要滿足，包含你的會員數量與忠誠度、你的商品屬性與回購率、你能否負擔 APP 的開發跟未來的維護成本、營運 APP 所需的基本人力、提高消費者下載意願的行銷成本等。

而在你思考自己能否滿足這些條件時，我們想要問的另一個問題是：你除了開發電商 APP，沒有其他的選擇了嗎？

想使用電商 APP 的最終原因不外乎是為了提升營業額，而提升營業額的方法有百百種，無論是提高流量、提升轉換率、做業配、做好會員經營等方法，都會有各自的效果，不一定要堅持做電商 APP。比起做電商 APP，我們更建議你把精力放在提升行動網站的品質。

大部分消費者在線上購物時，第一優先還是用品牌官網，只有當他們變成這個品牌的忠誠客戶後，才會開始考慮下載 APP 購物。

而現在除了電商 APP，社群電商也是一個可以考慮參與的戰場，其中又以 LINE 官方帳號最為推薦。LINE 官方帳號的強大之處就在於能夠擁有電商 APP 的諸多好處，又能避開電商 APP 的諸多缺點，如消費者的下載意願不高、實際的使用次數少。

1. 使用者眾多

在台灣，LINE 的月活躍用戶高達 2,100 萬名，而這些人只要動個手指就可以加入你的品牌官網，而且因為台灣人每天都在使用 LINE，你也不用擔心會員看不到你的訊息。

2. 多種行銷功能

除了 LINE 官方帳號內建的系統推播功能，LINE 還開發了 2 個功能：

(1) LINE 直播：直接在 LINE 上面開直播，快速抓住消費者的目光。

(2) LINE 團購：群組揪團超輕鬆，團購機器人幫你整理訂單，還能直接收款，讓你業績狂飆。

找到有跟 LINE 合作的開店平台

LINE 提供的這些功能固然十分方便，但是不要忘了 LINE 的本質還是一個通訊軟體，它很難幫你開發新客，系統推播的功能也只能接觸到那些原本就有加入 LINE 官方帳號的人。所以如果你直接使用它的各項功能時，會發現一個很大的問題：你無法精準接觸到會員，也很難知道他們是誰。因為你不能主動發訊息給單一會員，而且 LINE 官方帳號的對話紀錄是有保存時間的，文字能保存 4 個月、圖片與影片只能保存 2 週。所以即使這個會員過往曾經跟你連絡過，時間一到資料就會被洗掉了。

那為什麼我們還會推薦你使用 LINE 官方帳號？因為這些問題，如果你找到有跟 LINE 合作的開店平台就能夠解決。

這個問題的關鍵其實是，你沒辦法掌握 LINE 官方帳號裡的會員名單，所以只要我們把 LINE 官方帳號的會員名單跟品牌官網的會員系統進行綁定，就能夠解決這個問題了。只要打通這個環節，LINE 官方帳號的會員就是你的品牌會員，你也可以使用 LINE 官方帳號的各項行銷功能跟你的品牌會員做溝通。例如，你可以直接在 LINE 官方帳號上幫會員查訂單、提供數位 VIP 會員卡，整合門市、官網會員與 LINE 會員的資料，並隨時給予量身打造的優惠等諸多功能。

做電商一定要找代營運嗎？

近幾年電商在零售業領域占有一席之地，從一般商品、加值服務再到線上課程統統都有，但做電商的人越來越多，懂得如何提升電商營業額的人卻還是少數。如果你不懂得電商經營，可能會找一個熟悉電商體系的人幫你經營，而電商代營運就這麼應運而生。

什麼是電商代營運？

電子商務代理營運（Third Partner, TP）其實就是讓那些沒有電商經驗的商家，在不需要額外付出人力的情況下，就可以經營網路生意。過往有許多境外商家希望能讓自己的商品上架淘寶，便開始有些小代理商幫忙代理商品並上架到淘寶販售，因為絕大多數的境外商家比較不懂上架與販售邏輯，還有一些可能連如何跟窗口議價都不清楚。有需求就會有供應，這就讓代營運服務如雨後春筍般冒出。

哪種品牌需要電商代營運？

1. 只有經營實體門市的經驗

這是很多傳統企業遇到的難題，因為沒有經營過電商，所以公司內自然就缺少熟悉數位行銷或電商經營的員工；同時，因為沒有這樣的經驗，主管也不曉得如何徵選和判斷數位行銷領域的面試者是否有真材實料。

另一個會遇到的問題是過往公司內部沒有相關的部門，如果新增一個電商部門有可能會牽扯到組織結構的問題等，變得比較複雜。所以很多傳統企業在決定經營電商的初期，就會直接統包給電商代營運團隊，協助架構網站及後續的行銷規劃等事項。

2. 經營電商一段時間仍沒有起色

有些企業本身就有電商網站，或是有在蝦皮、momo、PChome等平台販售商品，但可能自己經營了一段時間，營業額都沒什麼起色，此時也會來找電商代營運團隊。

這類型的合作方式會依企業的狀況而有所調整，一般最常見的是協助廣告代操作。因為這類企業通常沒有太多的廣告投放經驗，過往也可能是透過平台的投放機制而定，所以企業端對於如何操作臉書、Google 廣告和判斷成效就十分陌生。一間企業的每月廣告投放預算可能只有 3 ～ 5 萬元，但電商代營運公司的廣告投手每個月經手的廣告費用可能是 100 萬，這就是經驗帶來的等級差距了。

3. 沒有多餘時間和人手經營電商網站

有的品牌本來就人手不足，但知道電商經營是未來不可或缺的產業趨勢，所以他們就會直接跟代營運公司合作，讓代營運公司幫忙架設電商網站和規劃行銷活動，出貨也直接透過電商物流，這樣品牌就只需要把精力放在如何挑選和製作好產品。

用 2 個問題判斷你需不需要電商代營運

你到底需不需要電商代營運的協助？以下教你一個簡單的判斷

方法，如果下列這 2 個問題你都無法回答，那麼你對於電商的儲備知識還有待加強，就建議你先和專業的電商代營運專家討論。

1. 商品的品質好、價格又有競爭力，就會有業績嗎？

這是製造業思維和電商思維不一樣的地方。假設你銷售的商品是洗碗機，那麼你的商品進入實體店家或大賣場，競爭對象就是在賣場裡大約 10 台的洗碗機。此時你的商品如果效能好又便宜，當然就會有競爭力。

但如果你的商品是放到 PChome 這類電商通路平台，一搜尋洗碗機就是一 200 台商品。

問題來了，當你的產品在大賣場時，消費者可以透過比較功能和價格來挑出適合自己的產品。但是當要比較的產品數量增加了 10 倍，從 10 台變成 100 台，你要怎麼讓消費者知道你的產品好用又便宜？

這個問題並不是沒有解法，祕訣就在於你怎麼設定商品名稱以及產品頁如何呈現，最簡單的電商產品設計策略就是要「不斷抓住消費者眼球」。

因為網路上能夠與你競爭的產品太多，所以擁有好記且易理解的商品名稱、漂亮的商品圖，以及能夠打動消費者的商品文案，都只是踩在及格線上而已。你還需要思考怎麼設計出一整套能夠吸引消費者的銷售流程。

2. 能否直接讓公司的行銷專員或社群小編兼做電商？

如果你們家的行銷或是社群專員沒有電商經驗，你直接指派他們去處理電商的工作，離職就是指日可待。做電商的目標是「轉

單」，要想辦法賣出商品，而這個目標跟行銷專員和社群小編的工作目標是不一樣的，例如行銷專員會花更多時間在增加產品的曝光度，社群小編則是要讓社群保持熱絡和處理客訴。這 2 種職位是「透過完成自己的任務來提高產品的銷售」，例如透過某個行銷活動或跟某品牌合作，讓自己的品牌獲得大量的曝光，「進而」帶來營業額的成長。

但是電商銷售就不是這麼回事了，你的行銷 EDM 能否帶單、帶來多少單，隔天就知道成績；行銷活動是否有效，你大概抓活動前 3 天的績效就可以知道十之八九。基本上，更像是傳統業務銷售產品的模式，是否有效可以很快得到回饋，但是又跟業務不太一樣，傳統業務可以直接面對不同的客戶，講不同話術，但在網路上面賣商品，無法直接跟消費者溝通，所以電商的溝通技巧跟傳統業務的溝通技巧又不一樣。

為何會說行銷專員兼任電商任務，離職指日可待？因為對於員工來說這是完全不一樣的思維和工作模式，一切都要重頭開始。就算是專業的電商代營運團隊，也只敢保證你在半年內可以收到第一筆訂單，更何況是「兼做」的情況，可想而知會承受多少心理壓力？

 ## OMO 整合為何是電商未來趨勢？

「電商新零售」這個詞是 2016 年由阿里巴巴集團創辦人馬雲提出的理論，那時候在電商業界是上下沸騰，也紛紛看到許多只做形象官網的平台都轉去做品牌電商了。到底 OMO 是什麼？新零售

的魅力是什麼呢？

OMO 為何重要？

時至今日，跨線上與線下的消費模式越來越盛行，而身為電商從業人員兼消費者的我們，也最能優先感受到這波浪潮。現在有越來越多「問問哥」和「看看姐」，先在實體門市摸摸、逛逛，再到網路下單。

當然也有先在網路找好幾個目標，再回到實體店面確認跟購買的人，也因為消費者不會去區分「純線上」和「純線下」，店家也應該順應潮流，讓消費者無論是在線上或線下，都能獲得一致的體驗。也就是說，快速轉型跟上新零售浪潮，提供完整且優質的消費體驗與服務就是現在商家必做的事。

• 什麼是 O2O 全通路銷售？

「線上線下串連」也就是利用電商的「線上模式」吸引人流，到「線下」實體門市進行銷售。換句話說，O2O（Online To Offline）時期的網購是專門為線下提供服務而已，網購就是要幫門市導客流，沒有其他意義。

畢竟當時台灣消費者近 8 成都還是在實體通路消費，網路的單月業績也贏不了門市，門市講話自然也大聲。喊著「新零售 O2O」大多是想藉著網際網路的力量，看能不能再提高實體門市的業績而已。通常被解讀成「線上拋線下」，而沒有思考過線上線下如何融合。

• 什麼是 OMO 新零售？

OMO 新零售模式就是 O2O 模式的再進化，**當線上線下資料都能融合，兩邊壁壘不再分明，線上線下都是銷售管道**。簡單地說，OMO 新零售的布局是這樣的：

1. 先進行線上與線下的數據整合
2. 透過數據分析，做到會員分眾精準行銷
3. 融合線上線下場景，讓會員線下體驗線上購物（Any Time, Any Where）

或許你會想說，也可以直接讓消費者在門市消費就好了，這個想法看似合理，但執行困難。你要怎麼讓這些消費者知道你的門市呢？現在最精準並有效的方式就是投廣告。

網路廣告能更精準地打到符合你目標的消費者，還可以排除過往已經看過這些廣告的消費者或本來就是你的品牌會員，這樣就可以有效地拓展新客。

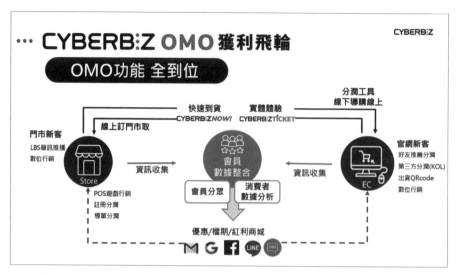

圖 12-1　當線上線下資料融合，線上線下都是你的銷售管道

• 如何把消費者引導到 OMO 新零售的消費場景？

我們直接用場景來解釋消費者走進實體門市消費的過程：

1. 店員結帳時跟消費者說：「用手機辦會員能現折 100 元哦！」10 個客人裡至少有 7 個會願意辦會員，你就能得到消費者的資訊。

2. 等消費者出去後，又立刻收到簡訊：「回官網填寫詳細資料，就能領 100 元折價券！」

3. 之後每個月，你發再行銷簡訊或 EDM 給消費者，滾業績雪球。

尤其「憑簡訊領好禮」這招許多電商平台都很愛用，雖然老

套,但有用。

　　線上線下不斷地滾動,模糊掉實體與電商的界線。反正消費者只要買到他想要的便宜商品就好,在哪邊買根本沒差。他們只會認 LOGO,不會管線上線下。最後不論是線上的消費者還是線下的消費者,你都能掌握。

OMO 新零售越來越被重視的 3 個原因

　　為什麼現在要做新零售?用一句話來解釋,就是「因為線上紅利沒有了」。過去的流量紅利來自於新平台的建立或是新應用場景的產生,而現在的幾個大流量平台(例如臉書、YouTube 等)都已經發展了很長一段時間,你很難再吃到流量紅利。更具體來說,還有下列 3 個原因:

1. 臉書的經營效果雪崩式下滑

　　大家都在罵臉書的曝光和觸及率很爛,但是都忽略了臉書的創辦時間是 2004 年,已經將近 20 個年頭,會使用他的客群早就被囊括進去了。這也是臉書之所以要在 2012 年收購 Instagram 的最大原因,他的用戶很難繼續獲得大規模的增長。所以,現在要經營粉絲專頁,相對過往來說更困難,因為長期的使用者本身就有已關注的對象,新的使用者又增加緩慢。

2. 網路發展疲軟

　　第 2 個紅利風口就是 4G 網路的發展,也就是行動上網的普及化。在普及之前,你要上網就是得開電腦,正經八百地坐在電腦桌

前。但是，當行動上網普及之後，你可以直接滑手機或是看平板，搭車可以看、走路也可以看。台灣的 4G 網路是從 2014 年開始發展，你發現問題點了嗎？

我們習以為常的網路生活，是一個發展相當完整並健全的系統。也就是說，4G 網路跟臉書同樣遇到使用者數量成長的瓶頸，也就是前面提及的「線上紅利沒有了」。

3. 找出新的線上紅利獲取模式

我們要去哪邊找到便宜且好用的流量呢？這就是電商經營不斷在考慮的問題，而 OMO 新零售就是目前的最佳解。

線上紅利沒有了，新客戶和流量要從哪裡來？有時候，問題的背面就是答案，沒有線上紅利，那就想辦法把線下客戶變成你的線上紅利。

這就是我們不斷提到的「整合線上線下會員資料與訂單資料」，擺脫過往「線上歸線上、線下歸線下」這種壁壘分明的營運模式。

當你把線上線下的會員都變成同一個會員系統時，就能更精準接觸跟擴大營業額了。例如，你只有實體門市能接觸到會員，那你就只能在他們主動去逛門市時，才能與他進行溝通。但你的線上與線下會員系統能夠串接起來，今天當會員走到門市消費之後，你可以透過電子郵件再與他持續溝通。或是今天這個會員上品牌官網逛逛之後，你就直接推播線下門市的活動給他。

這樣我們與會員的溝通就從過往的被動模式，化為主動。而且因為我們都是在會員主動接觸我們之後才去接觸他，對會員來說，並不像過往的垃圾信件騷擾，而是剛好在需要的時候收到品牌的新

優惠，會對品牌印象更加分。

新零售 OMO 如何用行銷工具帶動顧客回購？

你一定不希望打下的廣告如同放水流一般，通常實體店面的廣告就是做路招、插旗，光是傳統廣告印刷成本就可以在網路投多次廣告，網路廣告比傳統廣告便宜太多，而且精準。

你記得幾個房屋牆上的廣告？幾個公車上的廣告？電視廣告呢？現在有些人可能家裡根本沒有電視。傳統廣告就是這樣，廣告範圍很廣，甚至可以說根本不知道實際受眾是哪些人，只能靠著運氣下廣告，也不知道你有多少錢能燒。

而網路廣告厲害的地方就是能透過數據分析，投遞精準的廣告，用一對一的方式傳遞給你的目標客群，不用擔心客群鬆散。

如何找到這些客群？做法很簡單，就用平常來你店裡消費的顧客資訊，只要你使用有串接品牌官網系統的 POS 機，就可以直接調他們的消費資訊來做管理。簡單舉幾個行銷的例子：

1. 利用 POS 系統新加入的會員能夠立刻得到確認簡訊，同時你也能夠給新會員提供優惠折扣，刺激他們下第一筆訂單。
2. 利用 POS 系統抓出 VIP 會員，提供他們限時免運的活動。客人對免運最有感了，免運就是一個最大的誘因。這也是為何一堆架站平台都要找理由辦活動送免運券了。
3. 你的會員系統裡一定有一種「沉睡會員」，下過一次訂單就再也沒消費的客人。你可以利用簡訊派送獨家的優惠價格或優惠券給他們，提醒他們該來下單了。

行銷的方式很多，但一定要記住，這些前提都是你的新零售 OMO 系統有串好，你才能利用 POS 系統幫你做好會員經營。

OMO 新零售能幫你更快發展品牌

OMO 新零售除了減少不必要的人力支出、更清楚了解店裡的銷售狀況，把以前不喜歡每日拉報表的習慣交給電腦，利用雲端 POS 系統轉出圖表資訊，隨時向你報告相關重點。把這些時間省下來，你就可以做更多的事情。

新零售 OMO 勢必會是未來趨勢，原因很簡單，現在誰手上沒有一支手機，只要消費者有手機在身，他們的資料就是可追蹤的，只要可追蹤，就能夠用行銷技法來碰到他們。

🖥 電子票券跟快速到貨為何重要？

對品牌來說，電子票券是一個很重要的功能，因為當我們今天利用電子票券，讓消費者有理由去門市時，其實是幫助門市人員與線上會員產生互動，也更容易提升消費者對品牌的黏著度。

什麼是電子票券？

電子票券不同於過往我們使用的實體票券，是透過系統產出 QR 碼並記錄到消費者的系統帳戶中。使用的過程中無須印刷紙本，可直接透過掃 QR 碼進行核銷跟驗票，省去消費者與品牌方的

時間。

更重要的是因為是網路化作業，所有的銷售或使用過程都可追蹤，更不容易引發消費爭議。電子票券大致可以分成現金券跟商品券。

現金券就是上面寫金額，例如你拿到家樂福 100 元的現金券，就可以拿這個 100 元券去家樂福換 100 元的商品。另外一個商品券就比較複雜了，我們一般行銷上會稱「提貨券」，例如憑券可以在全國電子任一個門市提領某商品。因為上面會寫好可以提領什麼商品，假設是飛利浦氣炸鍋，你就不能跟全國電子說：「我不要氣炸鍋，我要錢，你給我 1 萬元。」而為了保護消費者的權益，這張票券也會要求票券的發行方必須要找銀行作履約保證。

電子票券串聯線上線上的 5 種應用場景

電子票券還能帶來一個新的商機，它可以讓你在線上販售這些票券，並利用線下核銷的這個過程，把消費者帶到你的實體門市，誘發他去買更多的東西。這就是線上販售線下核銷的新戰場，我們歸納了五種可以適用的主要情境。

1. 透過體驗商品券累積會員資料

所謂的體驗型的商品券，就像我們在逛街時會拿到「原價 1,299 元，體驗價 299 元」的美容 SPA 體驗券。對消費者來說，這類的課程單堂就要好幾千元，一次就要買個 10 堂，如果買了卻不喜歡怎麼辦？

所以，體驗券這個機制就應運而生了。如果你的產業是屬於美

容美髮，這類高價產品，就非常適合販售所謂的體驗型商品券給你的消費者試用。

而透過品牌官網販賣的好處是，消費者如果是透過系統購買，你會擁有他的個人資料，那就能透過會員再行銷去觸動這些消費者。這樣就不會像過往在路上發送體驗券的方式，很難追蹤成效，也很難留下消費者的個人資料。

2. 讓課程型商品更好管理

第二種就是所謂的課程型商品券。比如你想賣的是瑜珈、健身或手作課程，都很適合在網路上販售，把消費者帶到你的實體門市來做使用。

這類課程商品的關鍵是「認票不認人」，例如你賣的是健身課程，買 10 堂送 2 堂，那利用系統就可以一次設定 12 張票多少錢，然後消費者每次來的時候就可以核銷票券，這樣門市人員或教練也不用每次上課都要另外花時間記錄現在到底上了幾堂課，還有幾堂課沒買，也讓管理變得更方便。

3. 降低展覽或演唱會的客服問題

展覽的電子票券很常見，例如演唱會、音樂會，動態或靜態的展覽。這類活動很常會提前開預購，像一些大型演唱會可能提早半年就開始預購了。

如果是銷售實體門票，可能消費者一下就弄丟，或是在旅遊展、活動展覽區販售紙本票券，總是會遇到有消費者弄丟票券，要求你補發。

如果是實體票券，要確認他們到底有沒有買過這個產品也很麻

煩，但透過電子票券，查一下銷售紀錄就知道，且票券會直接歸戶到消費者的帳號，自然就會大幅降低票券不見的機會。

4. 加速觀光工廠的驗票流程

第 4 種狀況是觀光工廠的票券，例如宜蘭有很多觀光工廠，假設你的產業類別是屬於可以提供觀光導覽的公司或工廠，可以去體驗活動的類型，就很適合發行觀光票券。

因為這類商品的消費者特性是一群人入場，如果你先在線上發行電子票券，就可以有效地緩減買票的人潮。消費者在入場時，直接掃手機的 QR 碼就完成票券核銷，整個流程會快上非常多。基本上，你也不用去記錄或擔心票券過期等問題，手機一掃就知道能不能使用這張票券。

5. 銷售美食餐券提高客戶黏性

例如你想預先販售甜點、食品、飲品或咖啡等，都可以先在網路上面販售，最典型的就是 7-11 或全家的咖啡提貨券，可以一次售出 50 杯咖啡，便宜點沒關係，只要消費者來拿咖啡時順手拿個糖果餅乾，毛利就增加了。

如果你擔心現場的備料問題，或是想先掌握訂位狀況，那可以在票券的款式說明的欄位好好地跟消費者溝通。另外還有個好處是，當消費者一次買 50 杯咖啡，基本上他這個月都會往你這邊跑了，等他這 50 杯咖啡都用掉之後，也是消費定型了，之後只要沒什麼客訴問題，他就會成為你的鐵粉。

什麼是快速到貨？

快速到貨最早是從大型電商通路平台開始做的服務，一開始是由 PChome 搶先推出 24 小時快速到貨，而後 momo 跟蝦皮等平台也都陸續跟進。現在也衍伸出 Lalamove、pandago 這類專門服務 B2C 的業者，品牌電商可以透過與外送平台業者的合作，讓商品更快送到消費者手上。

• 為何大型電商平台都在推快速到貨？

根據資策會產業情報研究所（MIC）調查顯示，2020 年網友選擇購物平台的前 5 大因素依序為「價格便宜」（60.6％）、「商品種類齊全」（39.1％）、「網路購物金回饋」（34.8％）、「物流配送快速」（30％）與「平台介面好用度」（20.1％），其中物流配送較 2019 年上升近 5％。我們可以看到消費者越來越在乎物流配送的速度了。

難道消費者真的沒辦法多等那一兩天？其實倒不是真的差這一兩天，畢竟台灣的零售業十分發達，如果真的急需，許多商品都可以直接在便利商店或是量販店買到。

所以下網路訂單的消費者，代表他並沒有急到要馬上拿到貨。還有另一種解讀方式是，消費者如果真的很急，他可能會先去便利商店或量販店救急，然後再把剛才下單的商品取消，反正現在要取消訂單也不過是按兩下滑鼠的事。

但對於電商業者來說，這張被取消的訂單，不只是一個系統上的數字，那代表的是你為這件事情花出去的成本都白花了（例如去倉庫拿貨、包貨的時間、寄送的運費），還代表你可能不再是「消

費者心中的首選」。

因為他這次沒有讓你服務到，而且又多了一個可以選擇的對象，所以你失去的不僅僅是一個訂單，還有未來的許多訂單。所以出貨速度過慢，可能會對未來發展造成很大的影響，多等一天，消費者就不耐煩一點。

減少等待時間就是快速到貨可以解決的消費者痛點，除了讓消費者可以下單後當天或隔天就收到，還可以直接查詢送貨進度，讓消費者可以預備大概何時收貨，這也是為什麼消費者很依賴快速到貨的原因。

• 快速到貨的使用場景

你早上在網路上看到一個很好吃的蛋糕，算了下時間，如果是快速到貨，你可以選擇今天下班前送到公司跟大家分享，或是你直接送到你家，你晚上就可以吃到飯後甜點，慰勞一整天的辛苦了。

這樣的彈性，讓消費者在任何的衝動時間都可以下單，能選擇自己方便的收貨地點和時間，他的下單意願就會更高了。

快速到貨對電商的 3 大幫助

快速到貨的功能對店家又有哪些好處呢？我們先以未來流通產業研究所的統計數據來說，台灣外送平台產業規模 2020 年第 1 季與第 2 季分別成長至 21.7 億與 34 億元，同期成長率高達 326％與 276％。2020 年，台灣餐飲外送平台產業將突破全年百億規模。加入快速到貨，對電商會有很大的加分效果。

1. 搶戰決勝點，降低顧客反悔機會

消費者無論是不是立即需要這項商品，他都會希望越早拿到越好。如果我們越晚出貨，消費者反悔的機會越高。

最好的情況就是，你可以做到消費者下單就馬上到貨，讓他連後悔的機會都沒有，就像是許多人在買手機遊戲點數時，一衝動就花好幾萬元抽卡，事後後悔也來不及了。

做實體產品當然還是會有出貨的時間差，但能早一分鐘出貨就可以讓消費者少一分的後悔機會。

2. 降低衝動型消費商品的退貨率

所有的消費都是屬於衝動型消費，許多消費者都會受節慶所影響，像是中國在 2020 年的雙 11 的消費總共是 1.77 萬億元，但其中約有 30％的訂單都被消費者按下了取消。這是一個很可怕的事情，等於營收少了 3 成。

要怎麼避免這種事發生呢？只能說很難，因為我們無法控制消費者的手去點下退貨鈕，但我們可以讓商品快點送到消費者手中，讓他在猶豫前就收到貨，扼殺他說不的機會，而且有研究指出快速到貨的退貨率比一般宅配還低 40％。

3. 增加購物選擇，多一種出貨方式

我們能夠給消費者越多種選擇，消費者就越可能會選擇我們，因為我們能做到其他電商做不到的事情，消費者自然就會感受到我們的用心。

如果消費者的家附近只有全家，但我們卻只能提供 7-11 取貨的服務，對於消費者來說，在商品差異性不高的情況下，他更可能

會選擇能提供全家取貨服務的品牌官網。

快速到貨，是未來品牌成長的關鍵

快速到貨除了是現階段能快速增漲業績的一大關鍵，更能夠提供給消費者更好的體驗。在這個時代，消費者的體驗重過一切，如果我們不能給消費者好的體驗，那他就有可能被別人吸引。不要忘了現在大部分的電商都很認真在做會員經營，大家都希望能把來買產品的消費者洗成用戶，把一般用戶洗成忠實用戶。

做到這件事情的方法就是，讓你的消費者在自家網站購物時，能獲得他在其他電商網站購物時沒有過的體驗，而快速到貨恰恰是能夠優化消費者體驗的一環。

如果你不想要為了快速到貨這項功能加入大型電商平台，接受他們昂貴的抽成和剝削，建議你可以找一間有提供串接快速到貨的架站平台，讓你直接串接 pandago，不僅能夠提供消費者更多元的服務，還可以讓你跟那些還沒有這項功能的競品有所區別，讓你不用依靠大型電商通路平台就可以實現快速到貨。

一定要做 OMO 布局嗎？

當我們提到 OMO 時，就會有人問：「OMO 跟全通路有什麼不一樣？」簡單來說，就是用不同的思路來做同一件事情，不一定能說哪個做法比較好，而是現在的你更適合哪一個做法。其中的關鍵都還是在於你要打通線上跟線下系統之間的那道門檻。

什麼是全通路？

全通路（Omni-channel）通常是指品牌同時有實體店面跟電商官網，並且在不同通路都能獲得相同的消費體驗。聽起來似乎跟OMO 虛實整合很類似。

但 OMO 做的是打破線上跟線下的物理隔閡，讓消費者不用在乎線上或線下的環境，只要消費者是品牌會員，無論是在線上網站或是線下門市都能獲得一致的體驗，這個部分是 OMO 跟全通路邏輯相通的地方。

而 OMO 更專注在與消費者的交互行為（例如讓會員無論是線上消費或是線下購物都能夠獲得相同的購物體驗），更準確地說，OMO 運作核心是指幫助品牌整合「通路、系統、會員數據」這 3個電商經營關鍵，以數據驅動的方式，提供在不同情境下的不同腳本，讓消費者能夠獲得一致的品牌體驗。

OMO 的消費者體驗

例如，今天消費者從任何一個架站平台購買產品之後，他打開包裝盒會看到一張到官網兌換某贈品的 QR 碼，消費者掃了 QR 碼之後，就會進入你的品牌官網，只要你的網站有埋追蹤代碼（例如FB Pixel），就可以用再行銷去觸及消費者。

如果他因為想要拿到贈品就註冊了品牌官網，你還可以多發動一個會員再行銷去觸及他。而到這個階段只是全通路布局的思維，仍停留在如何利用線上跟線下平台互相導流量和增加會員。

當我們加入 OMO 的布局思考時，就可以做到更細了，一整個

體驗接下來的流程會是這樣：

1. 透過之前埋的追蹤代碼，把有看過特定商品的消費者打包成一個受眾包，針對這個受眾包去做廣告投放。
2. 讓消費者自然在臉書或 Instagram 看到之前逛到的商品介紹影片或 KOL 的開箱文，引發購買慾。
3. 當消費者直接到實體店面或電商網站購買產品後，透過離線事件餵到廣告後台，讓已經購買商品的消費者不會再看到這些商品的廣告。就不會發生你才剛在 PChome 買過衛生紙，PChome 又推給你另一個衛生紙廣告的情況。
4. 利用自動化行銷流程推薦其他商品給消費者。

在這個例子裡，你會發現對消費者來說，所有的行銷活動都是圍繞著他當時的需求。而且我們在這過程中，你可以很清楚地知道你在跟這個消費者進行溝通。

當我們今天透過 FB Pixel 確認了消費者對什麼商品有興趣後，就投放關於這個產品的開箱文或是產品介紹影片等內容。並在他完成購買行為後，從這批廣告名單排除，讓那些已經買了產品的人不會繼續看到廣告。最後在他們購買這個商品後的一兩個禮拜，推薦相關產品給這些消費者。

對他們來說，這一整段的行銷過程不會有任何的被強迫感。我們投放廣告去吸引他點擊，不是要求他一定要買。也就是說，當我們去思考消費者在整個消費歷程中會做的事情，並且在每個階段都提前準備好要給他看的內容，讓他們產生購買慾，自然是水到渠成的。

就像消費者逛了產品頁，如果有興趣就會去搜尋使用者的評價，那與其讓他們自己去找不知道哪邊來的部落客開箱文，你還不如主動投放廣告，讓他看那些你挑選過的開箱文，**讓消費者在整個消費旅程中對品牌都能保持正面的評價。**

• OMO 布局的重點是數據驅動，流量為王

讓消費者無論在哪個通路都可以看到你的商品，只是建立消費者對品牌印象的第一步。接下來，就是要怎麼讓消費者在沒有壓力的情況下，漸漸對品牌產生好感跟購買慾，這也是 OMO 時代電商經營者必須面對的課題。

在消費者的購物旅程中，線上線下的場景分界線將越來越模糊，再加上 Google 已公布 2023 年將停用 Cookie，面對即將到來的 Cookieless* 時代，「私域流量」（Private Traffic）才是現在最關鍵的戰場。

「私域」指的是你不需要透過第三方或是公共平台就能夠接觸到的會員群。**而掌握「私域流量」的意思是，你與會員進行對話、討論、接觸的工具都屬於自己商家所有，變現潛力更高。** 像是 LINE 群組、臉書社團、會員資料庫等封閉性管道，都屬於私域流量。當會員願意進入這個平台時，代表他已經對品牌產生信賴感，對品牌的忠誠度較高。

私域會員的經營關鍵就在於「數據驅動」，你必須要先有一

---

* Cookie 是一項用於蒐集網路消費者個人資訊和瀏覽紀錄的技術，而 Cookieless 指的是將停用第三方 Cookie，對消費者來說就是個人資料不容易被蒐集，但對於廣告投放來說，會讓你的廣告投放受眾變得更不精準。

個會員系統庫存放會員數據，才能開始進行數據驅動。第一步要從分群開始，然後把他們貼標籤（分門別類），提供各自感興趣的內容、產品，才能逐步和會員建立感情，並建立起品牌認同感。

　　然後，再透過有溫度的傳播，才能達成 MGM（Member Get Member）讓顧客帶其他顧客、會員帶其他會員進行消費，也就是俗稱的「舊客帶新客」。

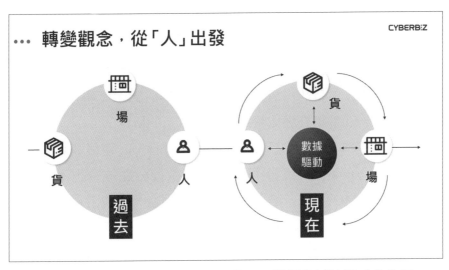

圖 12-2　未來將是數據驅動的世界，掌握私域流量才能為王

OMO 是電商經營的後時代戰場

　　對電商經營來說，最大的困難點就是流量從哪裡來，如果你只有一招無腦投廣告其實是很危險的，因為廣告成本日益增加，而且老實說，很多大品牌都在投臉書廣告，別人一個月預算可能有百萬元以上，想要跟他們競爭會很辛苦。

我們更建議你要有不同的流量來源組合，就算哪天有某個流量來源變差，你還有其他管道可以支撐。而 OMO 布局恰恰也能幫你解決流量怎麼來的問題。

例如，你可以在產品外包裝上面印一個 QR 碼導流到你的品牌官網，這樣只要顧客有掃過 QR 碼，你就能夠透過追蹤碼捕捉到他。如果你可以提供一個誘因，自然就可以增加消費者的掃碼動力。比起用廣告投放換會員名單，不管再便宜都不會比免費的 QR 碼還划算。

過去總以觸及消費者為主要目標的企業思維，也就是遵循「AIDA 法則」，到了 OMO 新零售時代，將轉換成以消費者為本位的用戶思維，並且想方設法要讓他們轉換成為忠實顧客。而這樣轉變的脈絡，就是將公域流量導到私域流量的概念。

過去零售業在線上線下的經營是分開的，就連很多企業、商家，線上線下的團隊也是分開的，因此數據分開經營也不讓人意外。但到了 OMO 時代，場景開始模糊、融合，消費者現在會去線下體驗，可能會在當場購買，也可能不會買，可能回家後再被投遞的廣告打中，才消費購買。現在消費者很聰明，也可能會透過 Google 搜尋找到自己想要的商品，進而消費。正因為場景逐漸模糊化，所以蒐集消費者足跡和數據就顯得重要。

用哪種架站平台，能為未來做準備？

電商這個產業的變化非常快，很多時候你覺得自己還沒有掌握到某些技能的精髓，馬上又出現了新的趨勢。像 LINE 官方帳號

在 2020 年以前是按會員數量收費，你發多少則貼文都可以。但是 2020 年 3 月之後就是按照發送的訊息量來收費。對於品牌來說，使用 LINE 官方帳號來做行銷的邏輯就會完全不一樣了。過往你可以每天狂發訊息給粉絲，現在卻必須要斤斤計較每則訊息的費用跟成效。

又或是蘋果在 2021 年對於 iOS 系統隱私權的更新，會大幅度影響廣告的成效，諸如此類的事情都在持續發生中。幸好做電商的底層邏輯並不會變，所以我們建議你在找架站平台時，只要掌握好以下原則，就不用擔心營收的基本盤，也會讓你有更多時間去應對未來的變化。

有完整的操作後台

1. 方便串接第三方平台

第三方串接的功能乍看之下好像不重要，但如果架站平台特別提供了這些串接服務，就代表這些功能對大部分品牌商都有用，不然架站平台不會特別弄。

因為對架站平台來說，開發新功能的前提一定是，預期這項功能可以幫助大部分的品牌提高營業額，才會著手開發。

像要串接臉書快速登入，直接 3 個步驟搞定，完全不需要懂任何的 IT 技術。如果你要找人開發臉書登入的串接功能，至少 10 萬元起跳，但好的架站平台可以免費給你使用這項功能。

2. 彈性調整布景主題

一般來說架站平台提供的布景主題（外觀樣式）至少有 10 種以上，並內建響應式網頁設計，讓消費者可以直接用手機購物。另外最好是系統後台直接開放 CSS 與 HTML 調整，讓你可以恣意調整自己的品牌官網風格到你覺得合適的樣子。

精心設計過的網站，更容易讓消費者對你的品牌產生印象。就像是去逛百貨，有些特別裝潢過的櫃位，一定比什麼設計都沒有的櫃位還要讓你有印象。

當然這並不是說，你一定要從頭設計一個版型才能符合你的品牌需求，而是如果有這樣的開放空間就是有備無患，因為未來也不可能因為品牌官網的版型設計不夠好看就換一間架站平台，要換架站平台是非常花費時間跟精力的事，所以讓自己在一開始就有足夠的選擇權比什麼都重要。

3. 強大的會員系統

有一套完整的會員系統，對於品牌來說有非常多好處，以我們的觀察至少有這 5 大好處：

(1) 提升客單價，穩定收入來源
(2) 掌握顧客樣貌，幫助未來決策
(3) 精準行銷，不再廣撒訊息
(4) 提升會員忠誠度，降低獲客成本
(5) 保持會員黏著度，穩固品牌護城河

而想要享受這些好處的一個前提是，**系統後台裡的會員功能必**

須夠完整。剛開始要做會員經營時，第一步一定是先了解會員的樣態與組成，最陽春的做法是把會員資料跟訂單交易都匯出之後做樞紐分析，但很曠日廢時，如果你的系統有完整的「會員分析報表」就會很方便。

4. 分潤機制

分潤功能最重要的地方就是要可以針對不同合作對象設定不同的回饋機制，讓分潤的設定充滿彈性。或甚至還可以讓合作對象自己看到銷售報表，可以讓你在未來省去很多麻煩。

有完整的 OMO 生態系統

過往因為行銷資源難共享，常常變成每個部門都編列自己的行銷預算，做自己的會員跟規劃。最典型的就是有些大品牌開了很多分店，每個分店都有自己的 LINE 帳號、自己的粉絲專頁跟自己的行銷活動規劃。

最常會遇到的問題就是因為每個店面的門市人員對於行銷活動的操作、品牌風格的掌握、甚至是連能夠撥來做行銷經營的時間都不一樣，你就會看到各個分店程度參差不齊的文案和設計。

最後就是每個粉專都在互相競爭，你也不能多說什麼，因為門市人員都已經竭盡所能的在做了，但是對於消費者來說會覺得很奇怪，為什麼明明是同一個品牌，每個分店的活動或是設計卻截然不同，不僅會讓人混淆，還可能產生對品牌的不信任感。

對企業端來說，今天如果你有做好「OMO 生態系」，那你就可以直接把無論是官網、臉書粉專、LINE、門市 POS、客服接

觸到的消費者，都用同一套會員系統來管理。能夠將各地的資源統一的時候，你其實可以做到更多事情，就像你可以具體知道實體門市跟品牌官網的消費能力有多少落差，並且透過數據分析去更精準地歸納出用戶的輪廓，並且做出更正確的行銷活動規劃。

另外像是客服、行銷或是設計也都是只需要一組人馬就可以處理好，整體的效率便飛快提高，你也不需要麻煩門市人員在百忙之中兼做。以我們的客戶經驗，雖然前期導入 OMO 系統，需要花一些時間做員工教育訓練，但是在整個流程跑順之後，在不追加預算的狀況下，整體業績往往能增加 15%～ 40%以上。

在「OMO 生態系統」之下，你可以實現很多過往無法想像的行銷布局：

1. 線上售票，線下導流：直接在品牌官網販售一張 1 元優惠券，會員可以憑此券到實體門市折抵 200 元消費，就能吸引大量會員前往門市。
2. 會員經營：透過系統進行會員分析並直接貼上標籤，精準推播活動優惠。
3. 立即到貨：消費者在官網下單，門市收到訂單後，當天快速出貨。
4. 分潤工具：社團、團媽皆可使用，就算是線上銷售也可分潤業績。
5. 社群整合：媒合社群資源，快速帶動銷售業績。
6. 庫存銷量同步：不論是線上還是線下銷售，全系統直接同步資料。

　　而「OMO 生態系統」對消費者來說，無論是在門市直接購買或是在網站下單，都可以享有相同的行銷活動優惠，再也不用聽到「這個是我們的網路活動，實體沒有這種優惠」這類說法。另外，因為消費紀錄跟會員資料同步，店員也可以看到對方過往買了什麼商品（多推薦相似的商品）、現在的會員等級（是不是 VIP 大戶）、之前的系統註記資料（是否為奧客）等。

　　也就是說，我們可以透過資訊同步的方式，讓品牌官網跟線下門市的資源互相利用，就像門市很常遇到只會來一兩次的過路客，你只要利用加會員可以現折 50 元的技法，就可以馬上把這些有需求的消費者都變成你會員名單的一環。之後用再行銷去把訂單洗出來。而這套系統的迷人之處就在於，你並不需要多做什麼工，就直接把會員貼標，然後跟過往一樣定期安排行銷信，自然就可以讓營業額提升。

　　而把會員從品牌官網帶到實體門市的方式也很簡單，例如有些美妝保養品的臉書廣告會有立即免費兌換的字樣，點進去填完選項，顧客滑到最後發現領取方式要臨櫃領取。這就是一種透過網路行銷的手法，提升實體店面的客人數與營業額的手段。這樣做會有以下 2 個好處：

1. 讓消費者知道家附近有實體店面可以逛
2. 在結帳前加價購提高客單價

　　例如屈臣氏的 POS 收銀結帳台上會有一張本月加價購型錄，店員背後則會有一整櫃的加價購商品，結帳的時候總是會問你一句：「今天牙刷加價購只要 10 元，需要嗎？」都是為了讓這筆客

單價能夠提高。

也就是說當你提供到店自取的服務，就能把網路上的客人導進你的實體門市，這時候就是抓住業績的時候！趁顧客來店取貨，提供他更多優惠。

同時也讓顧客知道他家附近就有你的這間店，想要買東西的時候，先在床上躺著下訂單，出門買飯時順便來門市取貨就好。有沒有覺得這個方式比起過往的消費方式友善非常多？

但想要做到這些事的首要條件是你的電商部門跟實體門市的會員系統是共通的，這樣你才有辦法同步更新和追蹤會員的消費紀錄。現在很常見的情況是門市 POS 系統買 A 公司，但架站平台是買 B 公司的，這兩家的系統到底串不串得起來，沒人能掛保證。所以建議你找「自己開發 POS 系統」的架站平台，自然能做到完美串接。

找對開店平台才會讓你賺錢

如何做好電商？固定化的流程就讓系統做，或是找協力廠商協助，讓你把專注力放在能幫你賺錢的事情上。就像是前面提到的出貨，你當然可以親力親為，在爆單的時候發動全家人，甚至是親朋好友來幫忙出貨，但是如果出錯你也很難究責。如果是找合格的協力物流廠商，你就不用擔心行銷做太好的問題，老實說，如果因為怕訂單無法負荷，在行銷活動上綁手綁腳，也是一件很奇怪的事。

當你能夠把這些工作都交給協力廠商處理時，你就能專心做更重要的事，像是優化廣告投放素材、設計行銷活動，或是找更多的合作通路。本來你因為人力的限制，一個月只敢做 200 萬的營業

額，現在你可以做到 2,000 萬都不用煩惱。**經營電商要將心力放在更需要專注的路上，雜事交給專業的人員，那才能讓業績轉到正確的道路上。**

你可能會覺得自己現在才剛開始經營電商生意，能不能成功都還難說。但「有備無患」，你怎麼知道自己的生意不會發展得非常好呢？

與其在不同的階段就因為階段性的需求而更換架站平台，不如一開始就使用有完整生態鏈的系統商。如果你每個功能都找不同的公司，遇到問題的時候，光是除錯就不知道要花多久了；而如果你的官網跟 POS 都用同一間公司的系統，遇到問題時相對來說較方便溝通和解決。

第 13 章

【案例篇】
5 大品牌的
電商經營術

1 │ 如何讓品牌官網成為線下通路的助力？

　　碧歐斯創辦人杜南發博士，長期練習氣功，深刻感受到身體內氣的流動是細胞活化及健康的關鍵。他將「氣的活化」概念注入碧歐斯的品牌核心。Bio 是「生物」，Essence 是「精華」，品牌識別中的圓形象徵活動流氧，透過提升肌膚細胞活氧，讓生物精華發揮得淋漓盡致。

圖 13-1　碧歐斯團隊

 **品牌成功心法**

發展電子商務打破實體界線

　　發展電子商務一直是碧歐斯想做的方向，這不僅是全球趨勢，也有非常大的成長潛力。只要透過電子商務就可以銷售到台灣各角落，只要有便利商店就可以取貨退貨，這是電子商務最大優勢，而打破實體界線讓碧歐斯接觸到更多客戶。

1. 分潤功能，讓美容顧問更主動開發客戶

　　大部分的開架化妝品並不會聘請美容顧問駐點在零售通路，然而碧歐斯透過駐點的美容顧問，讓消費者直接了解碧歐斯的產品優勢，並進一步知道如何挑選商品。同時透過簡易的按摩修眉等服務，提供附加價值，加深消費者對碧歐斯的認同度。

　　而透過 CYBERBIZ 的分潤機制，即使客人走出實體店面，到品牌官網購買產品，依然能將網路業績分到負責的美容顧問上，這項功能也讓門市的美容顧問更主動追蹤與關心客人使用保養品的成效。

　　此外，像是紅利點數的功能，能適時提醒客戶還有點數沒使用，這些功能都大大提升回購率。

2. 透過多種行銷功能，快速增加品牌業績

　　在台灣，很多有知名度的保養品牌都開始發展自己的品牌官網，這時候開店平台的角色就非常重要了。有了自己的品牌官網後，無論是自由度、方便性、商品上下架，或各種行銷宣傳活動的

策略需求，都能快速調整，比起過往找通路平台合作更有彈性。

　　尤其碧歐斯產品種類非常多元，針對美白、抗老、緊緻和不同的肌膚狀況能細分成 12 種系列產品，需要更靈活的行銷組合與會員經營策略，才能幫助每個消費者在每次行銷活動中找到適合自己的保養品。

　　執行長何旻凌說：「我們串接了專櫃的品質，給大家親民價格，同時也提供相對應的諮詢服務，這是我們能在屈臣氏零售通路成為開架式保養品第一名的主要原因，也是我們引以為傲的。」下一步，碧歐斯希望將線上人流帶回線下，肌膚保養品需要的是客戶實際感受，透過專屬的商品體驗服務，進一步維繫與客戶之間的連結。

圖 13-2　品牌官網能同時舉辦多種行銷活動

線上線下並進，互相拉抬業績

　　曾有員工詢問：「如果公司發展電商，是不是實體通路就要開始縮減了？」

對此，何旻凌的想法剛好相反，她認為：「接下來碧歐斯會有更多的通路需求，需要的美容顧問也會越來越多，讓更多人知道碧歐斯的好，碧歐斯的人員需求將不減反增。線上線下雙頭並進，才是碧歐斯接下來的營運策略。」

以 2022 年來說，碧歐斯電商平台的營收占比是 15%～ 20%，還有不少成長空間，這也是碧歐斯接下來更明確的行銷策略，把整個市場的餅做大，提高電商平台營收占比，甚至訂出電商平台占比達到 30%的目標，可以看出碧歐斯對於電商還是有很大信心。

📃 品牌未來發展目標

碧歐斯的美容顧問在屈臣氏等通路服務時，偶爾聽到客人抱怨某外國品牌保養品並不好用。其實並不是商品本身不好，而是它們更適合外國人的膚質和環境。

碧歐斯是完全針對亞洲人開發的產品，所有研發人員都在亞洲，可以很快將消費者的意見回饋到實驗室，所以碧歐斯可以說是最懂亞洲人肌膚的保養品，客群更是從年輕族群到輕熟女都愛用。

歐碧斯建立二十多年，堅持追求天然美麗的品牌哲學，期待透過研發產品的用心與信心，讓所有追求完美的女人，能夠不斷延續美麗。

2 ｜如何 IP 變現，用行銷力極大化品牌價值？

Fandora

Fandora Shop 擁有豐富的角色授權、品牌授權商品化的經驗，無論是台灣原創角色 IP（Intellectual Property）、國際級的角色授權、知名 YouTuber 與藝人、高人氣動漫遊戲等，更與多達 300 位國內外創作者合作，打造兼具話題性和吸引力的周邊商品。Fandora Shop 在 2014 年成立至今已突破一億銷售額，賣出超過 43 萬件商品到世界各地粉絲手中。

 品牌成功心法

透過 IP 變現，讓品牌有利可圖

IP 一詞近年在台灣逐漸廣為人知，IP 其實就是透過內容創作產生的權利，將文學、動漫、影視等不同作品發展成商品，延伸創作內容的價值，也為 IP 擁有者帶來實質利益。

就像文化輸出大國日本，其 IP 產業就相當成熟，不論是經典熱血的《灌籃高手》、被譽為神作的《進擊的巨人》，或是開啟抓寶熱潮的《Pokémon GO》，以知名的角色或故事場景，延伸開發出各種形式的文化周邊商品，不僅風靡全球，更為品牌帶來可觀的

收益。

　　然而 IP 產業要達到規模化並不容易，這也是近年台灣文創圈待解的課題，早在 2013、2014 年，Fandora Shop 便已開始布局 IP 產業，經過多年耕耘，乘著網路社群蓬勃發展之力，如今坐擁上千個 IP 角色授權，成為全台最大插畫角色商城。

　　Fandora 創立之初是以引進國外設計師商品為主，然而並沒有獲得太大回響，正好團隊成員有認識一些本土的素人插畫創作者，當時正值臉書推出粉絲專頁功能以及後來 LINE 貼圖的興起，一時之間插畫創作者百花齊放，帶動周邊商品的熱賣。

　　這讓 Fandora 團隊發現了**圖像角色 IP 的發展潛力**，決定開始將重心放在經營插畫家的角色商品，以協助創作者開發出吸引人的商品為主要方向。

善用開店平台功能，降低營運成本

　　由於創作者都是從網路上累積粉絲與人氣，Fandora 自然也是從網路出發，過往一直都是自架網站，但發現隨著規模擴大，既有的系統維護成本及更新速度無法滿足品牌需求。

　　在審慎評估後，Fandora 選擇了客製彈性高的 CYBERBIZ 系統建置品牌官網，並透過開放 API 串接他們配合的物流服務，輕鬆處理龐大的訂單需求。

　　而系統內建的簡訊及客服留言系統，可以依照訂單狀況自動發送訊息，更提高 Fandora 與消費者的溝通效率，進而大幅減少人力需求。

勇於嘗試不同類型合作，快速擴張市場

Fandora 擁有許多人氣角色，持續與創作者合作發想主題活動，將角色商品化，吸引粉絲購買，成功將人氣變現。

近年除了廣為人知的插畫、貼圖創作者，Fandora 更擴大合作對象的範圍，例如邀請影響力逐漸擴大的 YouTuber，協助這類型角色 IP 推出商品，吸引 20 ～ 35 歲購買力高的粉絲族群。

1. 透過快閃活動刺激核心粉絲

在線上取得成功後，Fandora 也將觸角延伸至實體門市，除了本身就會主動關注創作者的死忠粉絲，更有機會透過產品本身的魅力吸引非粉絲的消費者，擴大市場。同時，搭配不定期的實體快閃活動，刺激核心粉絲的客單量。後續利用 POS 系統將線上和線下的會員資料做整合，利於質性與量化的分析。

圖 13-3　開設實體門市並搭配快閃活動，擴大粉絲受眾

2. 穩定的系統是預購、募資成功的關鍵

IP 商品較重視話題的熱度，不像一般消費品有明顯的淡旺季，因此 Fandora 除了持續與創作者合作，透過社群與粉絲溝通外，更透過預購與募資 2 種方式創造話題聲量，以全新的企劃賦予角色商品新的故事性與意義。

圖 13-4　預購能有效減少商品開發的風險

利用「搶先購買」、「差多少金額就達標」的消費心理刺激粉絲下單，即使需要一段時間才能拿到商品，粉絲們也願意等待，募資專案的商品往往可以比原本銷售模式的商品增加 50% 的業績。

IP 商品無論是做募資或預購，最重要的條件就是要有一個足夠穩定的品牌官網。因為伴隨品牌的強力宣傳，必然會有龐大流量湧入品牌官網，若架站平台無法協助即時處理大量訂單，就可能會造成網站的加載速度過慢，甚至直接當機，進而造成訂單流失與客訴。

CYBERBIZ 系統一天可以處理超過 500 萬筆訂單，對於大量訂單的即時處理與後台系統的穩定度都符合 Fandora 的需求，也是其放心開展各式企劃專案的主要原因。如 2020 年，與百萬人氣

YouTuber 合作聯名商品，開賣當天網站就創下半小時 8,000 人進站的流量紀錄，活動過程也十分順利。

品牌未來發展目標

Fandora Shop 為台灣 IP 全方位商品變現的領導品牌，於 2021 年成立 NFT 部門，致力於成為全球 NFT ／ GameFi 企劃與發行商，提出 RNFT（Redeemable NFT）的模式虛實整合，以及 RNFT 未來可應用在 GameFi 的延伸價值，創造出可持續發展的新型態 NFT 商業模式。未來將與多家全球玩具品牌合作，推出多項 RNFT 專案以及 GameFi 項目。

3 | 如何用雲端 POS 布局全通路零售？

麗嬰國際股份有限公司
L.E. INTERNATIONAL CORP.

麗嬰國際於 1974 年成立，以進口世界品牌玩具為主，並以創新的觀念開發新通路，將進口玩具鋪貨到文具店及書局，成為台灣第一家在電視上播放玩具廣告的進口商，一舉成功拓展市場。

🛒 品牌成功心法

擁有會員資料庫，才能與客人溝通

位於信義商圈 A13 大遠百，占地廣大的 Funbox 玩具專櫃，各種各樣的玩具在明亮的燈光下顯得吸睛，爸爸媽媽被小孩帶領著進到這個玩具天堂，從時下最流行的戰鬥陀螺和機甲恐龍，到陪伴許多六、七年級生長大的 Tomica 小汽車、森林家族等一應俱全。只見孩子們在一個又一個的陳列架間，近乎瘋狂的奔跑穿梭著。

時間拉回十多年前，當時的麗嬰國際其實就已領先業界，在 Yahoo、momo 等 4 大通路平台上架，透過網路銷售商品。但是和通路平台合作沒辦法讓麗嬰國際掌握到自家的消費者資訊。

「這十餘年來台灣的通路越來越多元化，媒體也越來越多元化。我們發現客人越來越分散，直接跟客人對話變得很困難。希望可以更直接的經營會員、提供消費者需要的服務。麗嬰國際想要擁有自己的會員，與會員有更多互動。」這個念頭，成為主導這波轉換的李杰霖經理，推動轉型最重要的契機。

1. 不要讓實體門市變成轉型障礙

對品牌來說，擁有自家的購物官網，可以讓客人不必再受限時間、地理的障礙，得以隨時隨地消費，是與客人溝通的第一步。而擁有自己的會員資料庫、讓品牌能與客人直接對話，更是數位轉型的主要目標。

然而像麗嬰國際這樣擁有 84 家實體店面及櫃點的公司而言，要做到這點並不容易。問題在於「如何確保讓同一個人，在線下和線上得到一致的服務和回饋，並讓線下紅利在線上也能使用」，這就是 2018 年決定要轉型時最直接要面對的商業課題，當時市場上並沒有任何系統商可以做到這一點。

2. 要自架官網，或是找系統商合作？

李經理回憶當時公司決定轉型時，曾考慮過的各種選項：自己找人來建置官網，掌控度高，又不需要被系統商抽成，但如此一來，就必須自行承擔更新、開發、維護系統，並和市場上最新的媒體行銷工具整合，要付出的心力與風險可能十分龐大。

雖然當時市場上已有包含 CYBERBIZ 在內的多家開店平台系統商，可以提供架設品牌官網的服務，但如果想要將線上官網和線下櫃點的會員機制整合連動，使會員不論是在線上線下都可享有一

樣的紅利回饋，就需要可以整合線上官網的雲端 POS 系統。

而當時的市場上並沒有任何一家廠商可以做到這件事情，接觸了幾家系統商之後，只有 CYBERBIZ 願意投入開發，才成了麗嬰國際選擇 CYBERBIZ 做為零售轉型夥伴的關鍵。

克服困難，遇見下一個碧海藍天

麗嬰國際在更換雲端 POS 系統時，為了讓門市同仁習慣，花了非常大的力氣。由於此波轉型的重點在於能夠同時整合線上線下的會員，因此線上官網與線下雲端 POS 機的建置必須同步執行，卻因為線上線下使用情境存在不小的差異，當以線上電商系統的思維建置 POS 機，就會出現許多不合用的地方。

李經理回憶，當初麗嬰國際在做這項轉換時，包含運算時間、人員使用習慣等都遇到很多挑戰，但 CYBERBIZ 願意與麗嬰國際不斷做調整修改，除了每週開會彙整使用時遭遇的問題，投入調整後再派顧問對門市人員做教育訓練。

將困難一一克服之後，從 2019 年 9 月開始全面投入使用雲端 POS 系統，導入系統前舊會員數有紀錄的有 3 萬多筆，之後透過系統化的管理，一年後快速成長到 12 萬會員，兩年半後成長到 37 萬會員。

除了會員數明顯成長，各種好處也一一顯現。例如因為把所有的消費紀錄電子化，讓麗嬰國際可以更好地分析客人的消費行為，更精準地提供消費者需要的資訊與服務。

圖 13-5　透過品牌官網跟雲端 POS 系統的無縫串接，
精準掌握會員資訊

優化購物流程也是成長關鍵

　　李經理表示，過去累積會員，採用的是最傳統的方式，也就是讓客人自己填寫資料，員工手動鍵入會員資訊，過程中輸入錯誤是常有的事，若是聯絡方式錯誤就無法聯絡到客戶，地址或姓名錯誤也會導致尷尬。轉型後客人只需在現場提供手機號碼，回頭再自己將資料填寫完成，錯誤率因此大幅降低，更替客人節省許多填寫的時間。

　　每年過年期間 Funbox 都會與百貨通路合作，針對特定商品舉辦活動，這兩年因為疫情關係無法舉辦，改到 Funbox 的品牌官網進行活動，就算活動期間有瞬間流入的大量流量，也沒有造成網站操作卡頓或掉單，獲得客人的正面回饋。

圖 13-6　透過全通路布局，輕鬆掌握客人的消費歷程

「提供消費者更好的服務」是麗嬰國際決定開始轉型的契機，也是目標，而這個目標沒有終點，品牌必須要不斷根據實體及電商生意需求，嘗試不同的新功能或行銷方式，其中包括會員手機APP，讓麗嬰國際可以主動推播活動資訊，消費者也可以更輕鬆管理自己的消費資訊，有效提高客人回購率。

🖥️ 品牌未來發展目標

全通路轉型取得了第一步的成果之後，問到麗嬰國際下一階段的目標，李經理表示，過去在選擇商品主要依靠經驗法則，但現在有了更多可判斷的數據，除了可驗證過去的經驗，在面對新品項時，也可以用數據輔佐經驗，讓判斷更精準。

　　麗嬰國際期待未來透過新零售整合，進一步讓百貨通路也獲益，希望未來實體櫃點擺放的都是最新、最受歡迎的商品。目標是在方便舒適的購買環境中，讓顧客以合理價格購買到高品質的玩具、禮品、生活用品，達成客人、百貨通路及公司三贏的局面。

　　麗嬰國際希望能夠盡企業之力，為小孩創造健康、歡樂的童年，並滿足大人的赤子之心。

4 │ 如何以科技力提升消費者體驗？

　　1980 年於台北師大路開設第一間一之軒，在 1982 年轉型為西點麵包專賣店，發展至今北部已有 26 間門市，以「快樂、利他、分享」的企業文化，讓員工開心、利於他人、同時分享美味的精神，堅持打造庶民品牌，以玫瑰花象徵著愛與幸福，來做為品牌識別，四十多年來以「幸福烘焙、烘焙幸福」的精神，持續傳遞每一款精心研製的烘焙美味。

　　從出生的彌月蛋糕，生日喜慶的慶生蛋糕，每天早晚可用的麵包，家庭聚會的茶會餐點到郊遊野餐的餐盒，生命中的每個重要時刻都有一之軒陪伴。

 品牌成功心法

數位轉型跨出地域限制

　　一之軒的門市遍布大台北地區，是很多雙北人的共同生活記憶。成立至今培養了一群忠實的客群，不少顧客更是每天報到。在 2021 年 5 月，新冠肺炎疫情升級三級警戒期間，民眾減少外出，直

接衝擊實體零售業營運。一之軒決定積極轉型並架設品牌官網，建立官網後的業績顯著提升，單月業績從五位數成長至七位數，光憑一天的營收就可以達到疫情前整月的業績。

　　一之軒經營品牌官網的出發點本是讓熟客更為便利，但也因為網路無地域限制的關係，讓一之軒拓展了北台灣以外的消費市場。一之軒分析其後台數據，發現其中官網的兩成訂單是來自雙北之外，消費市場擴張到台南、高雄等地，讓台灣更多人可以享受到一之軒的美味商品。

線上客群年輕化

　　一之軒的忠實客戶大多在 45 歲以上，為了因應人手一機的數位時代，數位轉型是大環境下勢在必行的必要作為。品牌應積極拓展新通路，並整合線上線下會員資料，與積極嘗試新服務，才能有效提升消費者的購物體驗。在經過這兩年的轉型之後，一之軒透過後台的數據與分析圖表發現，在品牌官網購物註冊的新客已有七成是 28～36 歲的上班族群，也期待能慢慢做到品牌年輕化的小目標。

　　會員精準行銷更是一之軒數位轉型的一大收穫，根據統計，一之軒在 2021 年上半年運用 20 萬筆會員訂單進行再行銷，讓臉書 CPA 下降近 4 倍，ROAS 提升近 3 倍。

　　透過自己的品牌官網後台數據，可以精準分析用戶購物的購物輪廓，這些寶貴的資料都將成為未來產品研發、行銷策略上的重要依據。而透過擴展通路的做法，也讓一之軒的 OMO 之路顯露成效：官網的 7 成訂單選擇實體門市取貨，透過整合線上線下通路的會員資料，實現全通路零售。

考量顧客需求，持續導入新服務

疫情大大改變了人們的生活，到巷口麵包店購買剛出爐的麵包這樣的小確幸在三級警戒期間都變得困難，一之軒顧及顧客隨買即享受的需求，在 2021 年 6 月期間導入了 CYBERBIZ 推出的「CYBERBIZ NOW！」快速到貨服務，消費者只要到在一之軒官網進入「鮮快送」頁面，選擇離自己最近的門市並挑選商品，最快在 30 分鐘內就可以拿到下單的商品。民眾可在網上一鍵下單經典的綠豆冰糕禮盒、用料實在的丹麥波蘿、桂圓酥，或者想來份義大利麵套餐，都可以即時收到，大大提升了購物的方便性。

圖 13-7　一之軒官網快速到貨功能

🛒 品牌未來發展目標

一之軒一路走來都期許自己成為「快樂、利他、分享」的實踐者，並以「幸福烘焙、烘焙幸福」為行動準則，用多樣化的烘焙品

為消費者帶來幸福快樂,不斷更新製程、用料、無動物性等利他的
產品線,用分享的心情把好的商品傳遞出去,讓每一位來一之軒的
消費者,都能感受烘焙帶來的幸福,是品牌的初衷。

5 ｜ 老公司如何轉型，以生活品味打動消費者？

奧本電剪
URBANER

　　URBANER 奧本電剪相信「品味源自細節」，對每個小細節的重視，最後將成就與眾不同的品味。奧本電剪提供高質感的電動毛髮修剪器，讓在意自己外表細節的都會男性都能好好打理毛髮，由外而內提升生活質感。重視「細節」是他們的品牌核心，三十多年的製造經驗，讓他們精鍊每個生產環節，提供足以襯托客戶品味的好產品。

圖 13-8　奧本電剪團隊

🖥 品牌成功心法

重新定義品牌，找新藍海

從 1977 年就開始為世界知名品牌做代工的昆豪企業，於 2014 年以「品牌電商」為發展重心創立了奧本電剪，推出男士及寵物電動毛髮修剪器，在短短 5 年內，創下了年營業額成長將近 2 倍的佳績。

電剪類一般會歸類在家電類，包裝上強調的除了規格就是品牌，而最常見的銷售通路就是家電用品賣場。如果商品一起上架到這些通路，在消費者不認識奧本電剪的情況下，往往選擇的還是知名品牌或是 CP 值高的產品。

所以奧本電剪共同創辦人林雷鈞在創立奧本電剪時，就先將品牌的核心概念放在「品味，源自細節」，賦予奧本電剪講究品味、注重細節的靈魂。也透過這樣的理念去吸引那些重視外表、兼顧寵物、會去做美容，願意幫自己的寵物修剪的消費族群，進而與市場上強調功能性的商品做出區隔性。

分眾行銷，針對不同族群打造專屬商品

奧本電剪的目標族群主要鎖定要求生活品味的男士、文藝青年、兒童電剪，還有最近大眾重視的寵物市場。

1. 街頭型男是未來趨勢
五年前的台灣男士雖然還沒開始注重打扮，但是林雷鈞觀察

到鄰近國家的日本、韓國男性，對於愛美、打扮已經成為趨勢，而台灣一直以來都是跟著東北亞的潮流，台灣一定會有需求。於是透過文案與消費者溝通：誰說台灣的男性就不會打扮？除了 CP 值之外，我們也在乎品味和細節。

2. 用更有溫度的方式對待毛小孩

養毛小孩的人越來越多，更多人想透過親手、或是更有溫度的方式對待自己的毛小孩，寵物系列也是奧本電剪近期非常重視的產品線，商品文案敘述的口吻從寵物的角度出發，打動消費者的心，這樣的方式讓更多人能認同奧本電剪的理念，寵物系列的電剪因而誕生。

除了在線上以生動逗趣的影音素材，建立寵物飼主們的品牌黏著度，也時常參與實體寵物展，以最直接的方式觸及目標消費者，透過面對面互動挖掘需求。

圖 13-9　奧本電剪官網的分眾內容行銷

透過實體活動，讓品牌更了解粉絲

奧本電剪透過舉辦各式的實體活動，讓品牌更容易與消費者產生關連，也讓品牌透過這樣的互動過程，進而理解消費者在使用產品時的感受與反應。

1. 五週年粉絲見面會，粉絲更緊密結合

2019 年 3 月是品牌成立五週年派對「鬍構生活」，邀請了很多曾經合作的 KOL、通路或聯名品牌的廠商一起來參與，很多奧本電剪的初期合作對象，看著這個品牌一路成長，像是有生命力的樹木般不斷茁壯。

奧本電剪從來沒辦過這樣的活動，林雷鈞一開始還很擔心大家的參與度不高，沒想到邀約時大家的反應都非常好，原本只能在臉書社群上聯繫的人都能實際在聚會上碰面，現場也聽到很多使用者的回饋，也成為未來在產品改良上的建言。

2. 透過各種展覽，實際與消費者接觸

2020 年開始平均每兩個月就有一場寵物展，參加這些展覽對於團隊有很大的幫助，與消費者實際接觸聽取客戶意見，林雷鈞也希望團隊的每一個人都可以實際到現場，與消費者互動了解需求。

像是產品文案寫著「靜音設計」，以商品角度是一個賣點，但現場實際聽取用戶意見後，發現文案會誤導消費者是完全無聲的狀態，最後，團隊將文案改成「低噪音設計」，這些小細節都是實際與客戶溝通才能得到的寶貴意見。

跨足海外，同時經營美國和日本等海外市場

參與 CYBERBIZ GLOBAL 計畫的林雷鈞分析自家電剪工具的汰換率不高，新舊客比例約為 7：3。若想維持營收動能，除了不斷推出新產品，也需要不斷開發新的市場。

他認為：「如果你的產品在台灣夠好，為什麼不去介紹給全世界？」有趣的是，伴隨不同市場的消費特性，也會讓不同的產品類型獲得熱銷機會。要讓當地的消費者找到品牌，最好要有自己的品牌官網。

在同時經營美國和日本等海外市場後，林雷鈞發現面對美國消費者要更強調實用面，也就是強調功能，商品拍攝必須清楚，呈現出每個規格細節。然而到了日本市場，奧本電剪原先品牌強調的生活質感，使得產品和包裝皆受到日本消費者青睞，再加上日本男性相當注重自己的儀表外貌，也讓男性電剪系列產品在當地暢銷，如今日本市場銷售已成長至公司營收占比的 10％。

🖥 品牌未來發展目標

奧本電剪很在意每一個用戶的回饋，聽取消費者的聲音，不斷地將品牌持續改進，把品牌再深耕，持續產出內容、品牌故事，讓產品升級，電剪不只是一個商品，更是帶給大家「生活品味」的工具。

為生活帶來更多的活力與意義，是奧本對幸福的定義。他們賦予電剪全新的生命，不再僅是冷冰冰的工具，而是與顧客一同挖掘隱藏在生活中的美好與感動，創造屬於自己與家人的生活意義。

翻轉學 翻轉學系列 110

電商經營 100 問

業界最完整，一次搞懂打造品牌、架設官網、網路行銷、獲利技法、跨境電商……讓營業額飆漲的網店祕笈

作　　者	CYBERBIZ 電商研究所
總 企 劃	蔡昇峰（Robert）
內頁圖片設計	謝金峯（Kim）
封面設計	比比司工作室
內文排版	黃雅芬
主　　編	陳如翎
行銷企劃	林舜婷
出版二部總編輯	林俊安

出 版 者	采實文化事業股份有限公司
業務發行	張世明．林踏欣．林坤蓉．王貞玉
國際版權	鄒欣穎．施維真．王盈潔
印務採購	曾玉霞．謝素琴
會計行政	李韶婉．許俽瑀．張婕莛
法律顧問	第一國際法律事務所　余淑杏律師
電子信箱	acme@acmebook.com.tw
采實官網	www.acmebook.com.tw
采實臉書	www.facebook.com/acmebook01

I S B N	978-626-349-230-1
定　　價	450 元
初版一刷	2023 年 4 月
初版二刷	2023 年 5 月
劃撥帳號	50148859
劃撥戶名	采實文化事業股份有限公司
	104 台北市中山區南京東路二段 95 號 9 樓
	電話：(02)2511-9798　傳真：(02)2571-3298

國家圖書館出版品預行編目資料

電商經營 100 問 : 業界最完整，一次搞懂打造品牌、架設官網、網路行銷、獲利技法、跨境電商……讓營業額飆漲的網店祕笈 /CYBERBIZ 電商研究所著 . -- 初版 .– 台北市 : 采實文化事業股份有限公司 , 2023.04

352 面 ; 17×21.5 公分 .--（翻轉學系列 ; 110）

ISBN 978-626-349-230-1（平裝）

1.CST: 電子商務 2.CST: 網路行銷 3.CST: 商業管理

490.29　　112002771

采實出版集團
ACME PUBLISHING GROUP

翻轉學

翻轉學